동물들의 사랑과 영혼

동물들의 사랑과 영혼

무지개다리를 건너간 반려동물과의 영혼 교감

초판 1쇄 인쇄 2022년 6월 2일
초판 1쇄 발행 2022년 6월 9일

지은이 페넬로페 스미스
옮긴이 김지혜
펴낸이 양동현
펴낸곳 나들목
　　　출판등록 제6-483호
　　　주소 02832, 서울 성북구 동소문로13가길 27
　　　전화 02) 927-2345 팩스 02) 927-3199

ISBN 979-11-91960-03-7 / 03470

✽잘못 만들어진 책은 구입한 곳에서 바꾸어 드립니다.

www.iacademybook.com

동물들의 사랑과 영혼

무지개다리를 건너간
반려동물과의 영혼 교감

페넬로페 스미스 지음
김지혜 옮김

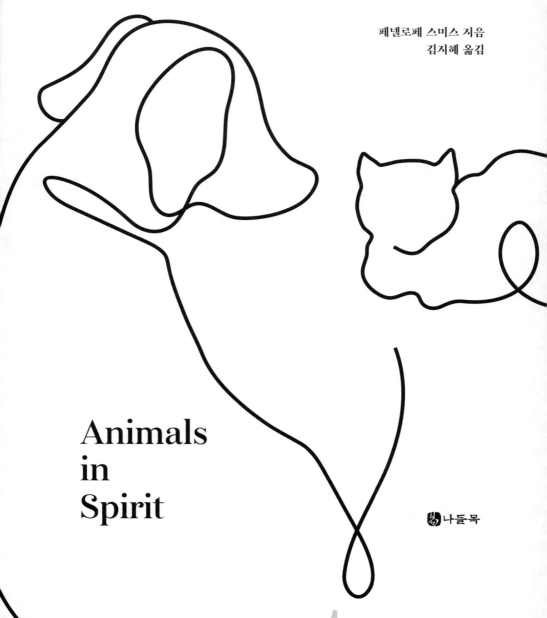

Animals
in
Spirit

나들목

목차

✿

서문 ·· 7

1장 삶과 죽음에 대해 동물들은 어떻게 인식할까? ··············· 10

2장 죽어 가는 과정과 인간의 영향 ······························· 18

3장 떠나보내기 그리고 안락사 ······························· 42

4장 동물의 선택과 목적 : 동물도 때로 스스로 죽음을 선택한다 ······· 64

5장 보호소와 구조된 동물들 ······························· 94

6장 영혼의 차원들 ······························· 104

7장 죄책감과 비탄 ······························· 116

8장 죽은 동물이 보내는 메시지 ······························· 152

9장 동물의 귀환(환생) ······························· 190

10장 동물의 영혼과 접촉하기 ······························· 240

11장 정체성, 개성 그리고 통일성 ······························· 244

옮긴이의 말 ······························· 256

주

일러두기

이 책은 페넬로페 스미스의 세 번째 책이니만큼 본격적으로 동물의 죽음과 영혼 세계에 관한
다양한 사례와 동물과 인간들이 등장한다. 본문에 등장하는 이국적인 이름으로 인해 이야기
가 혼동되지 않도록, 주요 동물들의 이름은 색을 넣어 표기하였다.

본문 아래에 ∗로 표시하고 설명을 붙인 부분은 역주이다.

서문

❀

동물은 왜 인간보다 짧은 생을 살까, 궁금해 하는 어른에게 한 아이가 답한다. "모든 생명체는 사랑하고 친절하며 좋은 삶을 살기 위해 태어나요. 하지만 동물들은 이미 그 방법을 알고 있어서 오래 머물 필요가 없어요."

동물들과 친밀한 삶을 누리는 우리는 언젠가는 소중한 반려동물의 죽음에 직면하게 된다. 인간이 정신과 정신, 가슴과 가슴, 영혼과 영혼으로 소통하는 방법을 기억할 때 동물과의 거리는 좁아지며, 그들이 육체를 떠나는 가슴 아픈 시간을 좀 더 평화롭고 심지어 풍요로운 경험으로 만들 수 있다.

1978년, 동물과의 대화에 관한 주제로 나의 책, 『애니멀 텔레파시(*Animal Talk*)』 초판이 나왔을 때, 전 세계적으로 소수의 애니멀 커뮤니케이터들만이 전문적으로 활동하고 있었다. 이제 수백 명*의 애니멀 커뮤니케이터들이 인간이 동물과의 간격을 좁히도록 돕고 있으며, 수백만 명의 사람들이 출판물과 강의 등을 통해 동물과의 텔레파시 대화를 배우고 있

---

* 현재 2022년을 기준으로, 더욱 많은 사람들이 애니멀 커뮤니케이터로 활동하며 동물과의 소통 및 교감을 대중화하고 있다.

다. 책, 오디오, 비디오 녹음, 훈련 프로그램, 기사 그리고 텔레비전 프로그램들을 활용함으로써 사람들은 그들의 타고난 능력을 기억해 내고, 연결되며, 동물들이 전하고자 하는 메시지를 이해하는 데 도움 받고 있다. 반려동물의 죽음에 직면하여, 이런 식으로 준비가 되어 있다면 엄청난 도움이 될 것이다.

이 책은 반려동물의 삶과 죽음의 경험을 당신의 영적 자양분이 되도록 변화시킬 것이다. 동물이 육체에서 영혼으로 이행할 때, 우리는 그 경험 전체를 이해하고 수용하는 것을 배움으로써 그들의 존재를 가슴 깊이 느끼며 더 강해질 수 있다. 동물들과 계속해서 대화하고, 있는 그대로 그들을 인정한다면 그들은 우리의 영원한 친구가 될 수 있다.

이 책 『동물들의 사랑과 영혼(원제 : *Animals in spirit*)』은 이 주제에 관해 집중적으로 설명하며, 당신이 반려동물과의 관계에 적용할 수 있는 다양한 이야기와 통찰들을 담고 있다. 이 책은 많은 다양한 종의 동물과의 대화에 기반하고 있다. 이야기들은 동물들이 직접 겪은 것으로, 그들에 의해 나에게, 또 다른 애니멀 커뮤니케이터들에게 그리고 동물들이 죽을 때 도움을 요청했던 반려인들에게 전해진 것이다. 나는 당신이 떠나간 동물들과 교감하며, 육체를 넘어 영혼의 불씨를 돌보도록 격려하고 싶다. 그 사랑의 불씨는 계속해서 자라나 당신의 삶에 영감을 줄 것이다.

동물들의 정신과 가슴과 영혼으로 들어가는 여정에 탑승해 주어 감사하다. 이제 우리는 동물과의 교감이 어떻게 삶에서 죽음으로, 그리고 그 너머로 확장될 수 있는지 탐험하게 될 것이다.

내 무덤가에 서서 흐느끼지 말아요.
나는 거기 없어요. 나는 잠들지 않아요.

나는 불어오는 천 개의 바람이에요.
나는 눈 위에 반짝이는 다이아몬드예요.
나는 무르익은 곡식을 비추는 태양이에요.
나는 부드러운 가을비예요.

당신이 아침의 정적에 깰 때,
나는 원을 그리며 비행하는
조용한 새들의 비상이에요.
나는 밤에 빛나는 별들이에요.

내 무덤가에서 울지 말아요.
나는 거기 없어요. 나는 죽지 않았어요.

– 작자 미상*

---

* 작가가 누구인가에 대한 논란이 있지만, 현재는 '메리 엘리자베스 프라이'라는 여성이 지었다는 게
정설이다. '천 개의 바람이 되어'라는 제목으로 개사되어 널리 불리고 있다.

1장
삶과 죽음에 대해
동물들은 어떻게 인식할까?

❧

육체는 영혼이 죽음의 문을 통과할 때 벗어 놓는 낡은 옷으로 생각된다. 우리가 생의 저편에 이를 때에도 영혼은 여전히 살아 있고, 인식하며, 다른 형태의 삶을 준비한다. 한 오렌지 줄무늬 고양이가 말한 것처럼, "죽음은 실제로 큰일은 아니다. 그러나 때로 우리는 지나치게 낡은 옷에 집착한다."

— 재클린 스미스Jacquelin Smith, 『동물과의 대화 : 우리의 신성한 연결』 저자

영적 본성

1971년 애니멀 커뮤니케이션 전문가로 상담을 시작한 이래로, 나는 수천 마리의 동물들과 상담하면서 모든 종류의 동물들이 인간과 같다는 것을 발견해 왔다. 그들은 개성이 있고, 인식하며, 육체를 입은 영적 존재들이다. 동물은 인간의 생각과 예상을 훨씬 넘어서서 자신들의 목적과 질서에 부합하는 지성과 정신력, 감정과 민감함을 가지고 있다. '영혼이 된' 동물들과 대화하는 것은 '육체를 지닌' 동물들과 대화하는 것과 유사하다. 동물들은 죽음을 넘어 그들이 계속해서 존재한다는 것을 알고 있기 때문이다.

서구문화의 많은 사람들이 생각하는 바와 달리, 대부분의 '비인간'인 동물은 그들 영혼의 본질을 느끼며, 육체를 단지 일시적으로 거하는 집으로 생각한다. 이러한 인식으로 그들은 삶과 죽음을 자연스럽고 영원히 흐르는 순환으로 받아들인다. 그들도 인간처럼 사랑하는 이의 상실을 애통해하며, 특정 시간이나 상황에서 죽기 원하지 않을 수 있다. 그러나 동물들은 죽음을 끔찍한 종말이거나 무시무시한 것으로 생각하지 않는다. 동물은 인간처럼 그들이 속한 종에서 그렇게 생각하도록 사회화되지 않았다. 동물은 죽음이 다른 존재로의 '변형'이라는 것을 안다. 그들에게 죽음이란 마치 연극 의상을 갈아입거나 또 다른 삶의 방식과도 같다. 동물들도 사랑하는 이들의 죽음을 슬퍼하며, 매 순간 삶이 제시하는 흐름에 따른다.

다음은 동물이 사랑하는 이의 상실을 어떻게 느끼고 표현하는지에 대한 실례이다.(미국 테네시 주 코끼리 보호구역 출판물 *Trunklines* 2005년 봄호. www.elephants.com)

사육사의 기록에 따르면, 병을 앓던 아시아 코끼리 로타가 죽기 전 날 밤, 격리된 헛간과 인접한 주요 헛간에 있던 코끼리들이 집단의 식을 거행했다. 이러한 행동은 이전에 결코 보고된 적이 없었다.

어떤 분명한 촉발도 없이, 제니와 셜리라는 코끼리가 포효하기 시작했고, 동시에 모든 코끼리들이 합류해 포효했다. 소리와 진동은 귀청이 터질 때까지 커졌다. 소리가 커짐에 따라, 헛간의 한쪽에서 다른 쪽 끝까지 벽이 흔들리고 공기가 진동했다. 이 의례 과정은 6분 내내 지속되었다. 소리는 이지러지면 다시 살아났고, 집단 최고의 비통을 보여 주는 듯했다.

코끼리들의 행동은 충분히 호기심을 자아냈다. 그들은 모두 한 장소에 정지해 있었지만, 우리가 상상할 수 있는 가장 심오한 슬픔을 폭발해 내고 있었다. 갑자기 시작된 만큼 신호는 서서히 잦아들었고 간혹 으르렁거리는 쉰 소리와 함께 끝이 났다. 그리고 무리 전체는 평범한 일상으로 되돌아갔다. ─ 그들은 졸고, 먹고, 서로 교류했다.

삶의 일부로써의 죽음

부족사회의 인간들은 자연과 가까이 살면서 지구와 그 순환을 존중함으로써 죽음도 탄생처럼 전체 삶의 일부로 받아들인다. 그들은 육체를 넘어선 영혼의 영역이나 차원이 있다는 것과 자신들 역시 영혼으로 계속될 것이라는 걸 알고 있다. 죽음은 두려운 것이 아니며 오히려 조상들과 만나거나, 신들이나 다른 차원의 영혼들과 함께할 수 있는, 건강한 삶의 변화이자 심지어 기쁜 경험으로 환영받는다. 이러한 인식이나 우리 자신을 포함해 동물의 영적 본성에 대해 느끼지 못한다면, 사람들은 반려동물의 죽음을 황폐한 절망이나 상실로만 경험하게 될 것이다. 우리가 동물들과 부드럽고도 지속적인 연결감을 향유할 수 있다면, 정서적으로 좀 더 긍정적인 체험이 가능할 것이다.

인간과 완전하고도 풍요로운 삶을 산 동물들은, 몸이 쇠해질 때조차 삶의 기쁨과 시련을 우리와 함께할 수 있었음에 감사해 한다. 말 보호구역에서 애니멀 커뮤니케이션을 가르치고 있었던 조안나는, 26살의 단기 경주마 터스커가 죽어 가는 동안 도왔던 사연을 전한다.

터스커와 그의 가장 친한 친구인, 큰 순혈종 경주마 지미는 내가 방문하던 아름다운 말 보호구역 목초지에서 함께 지냈다. 터스커는 은퇴한 뒤 말 보호구역으로 왔다. 어느 날 터스커는 갑자기 끔찍한 고통으로 꼼짝도 할 수 없게 되었고, 수의사에게 도움을 청해 달라고 부탁했다. 터스커는 힘들었지만 길고 멋진 삶을 살았노라고 했다. 그는 몸이 약하고 쇠해지고 있으며 내장의 고통으로 숨이 멎을 정도라고 했다. 수의사는 할 수 있는 모든 것을 했으나, 터스커의 배는 계속 부풀어 올랐고 고통은 커져만 갔다. 터스커는 몸에서 벗어나게 해 달라고 내게 부탁했다. 그는 친구 지미와 마지막으로 코를 비비며 작별인사를 했다. 수의사가 주사로 약물을 투여했을 때, 완전히 주입되기도 전에 터스커의 영혼은 몸에서 벗어났다. 지미는 히힝거리며 작별의 울음을 한번 울고, 터스커의 사체에서 돌아서서 풀을 뜯기 시작했다.

한밤중, 나는 농가의 포장 진입로에서 도로를 따라 말이 질주하는 소리에 잠에서 깼다. 보호구역에 있는 모든 말들이 울면서, 방목장

울타리 여기저기로 뛰어다녔다. 우리는 벌판에서 얼마간 벗어났을 말을 찾으러 농장 밖으로 달려 나갔다. 그러나 진입로나 도로에 말은 없었다. 모든 말들은 보호구역 안의 들판에 있었고 울타리는 그대로였다. 그 순간 분명해졌다! 터스커가 농가 주변에서 마지막 승리의 질주를 한 것이다.

육체적 감각을 넘어 영적 차원의 대화와 지식을 개척해 가는 사람들에게 죽음은 그저 상태나 관점의 변화이다. 자신을 육체로만 존재한다고 여기는 이들에게, 죽음은 존재의 무효이며 삶에의 참여의 끝이자 가능한 오랫동안 피해야 할 것이다. 그러나 우리는 다른 종들에게서 죽음을 삶의 일부이자 연속으로 받아들이는 것을 배울 수 있다.

애니멀 커뮤니케이션의 원리와 기술을 연습하여 당신은 동물의 소리를 경청하고, 그들의 감정을 느끼며, 대화에 개입하는 데까지 나아갈 수 있다. 그럼으로써 죽어 가는 과정과 죽음, 그리고 그 너머의 과정 내내 동물과 적극적으로 연결될 수 있을 것이다. 당신은 어쩔 줄 모르는 상처 입은 방관자가 아니라, 반려동물과 영적 교감의 상태로 들어갈 수 있다. 그것은 당신의 삶을 고양하고 심지어 교화할 것이다.

생존 본능

인간을 포함한 모든 동물에게는 부상이나 죽음을 초래하는 위험을 피하고 생존하고자 하는 내재된 본능과 욕구가 있다. 그러나 죽음을 두려워하는 사고는 대개 자연계의 동물들에게는 적합하지 않다. 야생동물들은 종종 스스로 죽으러 나가 포식자나 다른 위험 요인들에 잡힌다. 무리의 다른 구성원들의 생존을 위협하는 포식자의 주의를 끌기 위해서다. 한편 건강한 구성원들은 포식자로부터 나머지 동물을 보호하기 위해 아프거나 다쳐서 회복되지 못하는 동물들을 버리고 추방하기도 한다. 이러한 패턴은 일부 가축들에게도 남아 있다. 나는 개나 닭들 역시 다친 개체들을 공격하고 내쫓고 죽이려 하는 것을 보아 왔다. 가정 내에 걱정할 만한 포식자가 없었지만, 위험을 감지하면 그들은 이러한 일차적인 본능대로 행동했다. 그러나 대부분의 가축들은 이런 식으로 반응하지 않는다. 타고난 무리의 생존 패턴 외에도, 그들에게는 인간의 보호라는 안전장치가 있기 때문이다. 대다수 인간의 행동 역시 호르몬의 영향을 받고, 감정적이며, 생존을 촉진하는 방향으로 동기화된다. 인간을 포함하여 어떤 유형의 동물을 대하든지, 우리는 그들을 구슬릴 수 있으나 그들의 기질적인 패턴이나 다른 영향들을 항상 고려해야 한다.

자연계의 질서 내에서 생존 욕구에 대해 이해가 필요하다. 동물들 사이에서의 죽음은 대체로 신속하게 이루어지며 상대적으로 고통이 덜하다. 보통 야생동물들은 처음 잡힐 때 그들의 신체를 떠난다. 자연의 합의에 기초한, 먹고 먹히는 관계에서 그들은 대개 큰 고통이나 정서적 트라우마를 겪지 않으며, 종종 같은 종의 다른 육체를 찾아 새롭게 삶을 시작한다.

먹잇감이 되는 게 쉬운 삶은 아니지만, 몹시 고통스럽고 혼란스럽거나 도살의 공포로 가득한 공포의 서막을 의미하지는 않는다. 오히려 그런 것들은 공장식 축산이나 연구소 실험 등을 통해 동물을 죽이는 현재 인간의 방식에서 흔하다.

한때 나의 아프간하운드 반려견 파샤*가 숲과 들판을 마구 달리며 다람쥐 한 마리를 잡는 것을 보았다. 파샤는 다람쥐를 쫓으며 말했다, "달려, 계속 달려!" 그러나 다람쥐는 공포에 얼어붙어 곧 죽을 것이라 믿었기 때문에 이미 그 영혼이 육체를 떠나버렸다. 다람쥐는 자신이 여전히 살아 있고 온전하다는 것을 깨닫자 쇼크에서 벗어나 몸으로 되돌아왔고, 나무를 향해 내달렸다. 그것은 파샤에게 그저 자신이 원하던 추적의 즐거움을 주었을 뿐이다.

우리는 모두 먹힌다!

스위스에서 동물과의 대화를 교육하던 시절, 나는 한 마리 토끼에게서 인간을 포함해 모든 동물의 죽음의 본질에 대해 중요한 통찰을 얻었다. 우리 그룹은 낙농가에서 대화 실습을 하고 있었는데, 그곳에는 말로 가득한 마구간들과 토끼우리가 있었다.

나는 큰 토끼우리 옆에 서서, 그 안에 있는 황금색 토끼의 아름다움 그리고 넓은 건초 침대에서 그녀가 얼마나 편안해 보이는지 감탄하고 있었다. 나는 처음에 큰 목재 우리를 보고 이곳 토끼들이 반려동물이라고 생각했다. 그러나 헛간의 위치와 우리 수로 볼 때 토끼들이 식용으로 길러지고 있다는 것을 깨달았고, 이 아름다운 토끼들이 죽게 될 것이라는 생각에 불편해졌다. 나는 맞은편 토끼에게 이 상황에 대해 어떻게 느끼는지 물어보기로 했다.

---

* 페넬로페가 가장 아꼈던 반려견 가운데 하나로, 『애니멀 힐링』에서 자세히 설명된다(p.74).

그녀는 나를 쳐다보며 직접 전했다. "나는 이곳에서 좋은 삶을 살아요. 나는 근처의 다른 토끼들이나 말, 새, 소, 인간 그리고 헛간을 방문하는 다른 동물들과도 잘 지내요. 나는 잘 먹고, 편안한 잠자리로 신선한 건초도 충분히 얻어요. 태양은 나를 비추고, 들판을 가로질러 소들과 하늘도 볼 수 있어요. 나는 야생토끼들과도 연결되어 있어요. 그리고 그들이 나와 비교해서 얼마나 힘든 삶을 살고 있는지도 알아요, 그들은 언제 덮칠지 모를 포식자들을 항상 경계해야 하거든요. 나는 내 삶에 만족해요, 나는 죽을 때까지 좋은 대접을 받아요."

나는 토끼에게 인간에게 먹잇감으로 길러지는 것에 대해 어떻게 느끼는지 물었다. 그녀의 대답은 나를 놀라게 했다.

"우리는 모두 먹힙니다."

"여기 있는 말들과 소들, 심지어 당신도요. 모두가 먹힙니다."

나는 당황하며 말했다. "나는 누구에게도 먹히지 않을 거야. 나는 너나 다른 동물들처럼 식용으로 도살되지 않을 거야."

이에 그녀는 답했다. "오, 아니요. 당신은 그럴 거예요. 모두가 먹힙니다. 중요한 것은 당신이 죽을 때까지 삶을 즐기는 것이에요."

그제야 나는 그녀가 의미하는 것을 깨달았다. 결국, 모든 육체는 지구라는 거대한 재활용 센터에서 다른 종이나 생명체에게 양분이 된다. 우리는 모두 삶의 그물망의 일부이며, 그것은 죽음과 부패까지도 포함한다. 우리의 몸은 흙으로 되돌아간다. 내 시체는 벌레와 미생물들에게 먹히고, 흙으로 분해되며, 재로 태워질 것이다. 그리고 그것은 삶의 지속을 위해 다른 생명체들에게 소비된다. 우리 누구도 예외 없이 다른 생명체의 먹이가 되거나 재활용되어 다른 형태의 삶으로 흡수된다. 이 훌륭한 토끼 스승이 말한 것처럼, "중요한 것은 단지 죽을 때까지 삶을 즐기는 것이다!"

2장
죽어 가는 과정과
인간의 영향

❀

동물의 사랑은 육체적, 심리적, 영적으로 우리가 눈뜨고 방어를 해제하며 무방비가 되게 한다. 동물과 함께라면 우리는 인격이나 문화, 일, 옷, 화장품 뒤에 숨지 않고 자신을 드러내 보일 수 있다. 그들은 아플 때나 건강할 때나, 우리의 내밀한 기쁨과 격렬한 분노 그리고 가장 깊은 절망까지, 그 누구보다도 우리를 잘 안다. 그들은 시종일관 안정되고 꾸준한 존재감으로, 지구상에 극소수만이 할 수 있을 법한 변함없는 사랑을 준다. 반려동물은 우리 영혼의 정수를 꿰뚫어 보고, 신성한 신뢰 관계가 펼쳐지도록 한다. 만약 영혼의 동반자가 있다면, 이것이야말로 그러하다.

－샤론 캘러핸Sharon Callahan, 애니멀 커뮤니케이터

노화

일반적으로 동물들은 대부분의 서구사회 인간들보다 노화와 죽어 가는 과정 그리고 죽음에 대해 더 수용적인 태도를 지닌다. 내가 만난 대부분의 동물들은 나이에 대해 신경 쓰지 않았다. 주저함 없이, 그들은 실제 나이와 몸에 대해 갖는 느낌을 전한다. 대부분의 동물들은 세상을 떠날 때까지 삶을 즐기다가 그저 자연스럽게 떠나간다. 그러나 인간들이 노화에 대해 부정적인 감정을 전한다면, 주변의 동물들은 특정 나이가 되는 것에 위협을 느낄 수 있다.

고양이 부기는 18살까지 건강하고 어떤 신체적인 문제도 없었지만, 갑자기 심하게 앓게 되었다. 일부 사람들이 그녀의 나이에 대해 호들갑을 떤 것이었다. 그들은 고양이가 여전히 살아 있는 것이 얼마나 놀라운지 법석을 떨었다. 나는 부기를 상담하며 자신이 곧 죽을 것이라는 상한 감정을 극복하도록 도왔고, 그녀는 안도하며 회복하기 시작했다. 나는 반려인에게 앞으로 부기의 나이에 대해 언급하지 말라고 조언했다. 부기는 22살까지 살았다.

인간의 애착

인간의 정서적 애착으로, 반려동물들이 평화롭고 정상적으로 죽음을 준비해야 할 때 고통스럽게 생명에 집착할 수 있다. 미칠 듯한 정서적 동요나 원치 않는 변화에 둘러싸여 죽어 가는 것은, 동물들을 혼란스럽고 고통스럽게 하며 영혼으로의 이행을 더욱 힘들게 할 수 있다. 동물들은 반려인에게 고통을 주지 않고 평화롭게 가기 위해 혼자 떠나기로 선택할 수도 있다.

스코티시 테리어 앵거스는 자신이 늙고 죽어 가고 있는 것을 알았다. 그의 반려인은 앵거스가 병이 들자 내게 전화했다. 앵거스는 죽을 때 큰 소동을 원치 않는다고 내게 전했다. 그는 섭씨 40도가 넘는 고열로 수의 사에게 보내졌다. 수의사는 항생제를 썼으나 열은 가라앉지 않았고, 더 이상 할 것이 없다고 말했다. 반려인이 내게 전화했을 때 앵거스는 고개 를 들었다. 그는 단호히 자신의 소망을 전했다. 그는 죽음이 길어지는 것 을 원치 않았다. 반려인과 그에게 정서적으로 너무 고통스러울 것이기 때문이다. 앵거스는 자신이 얼마나 반려인을 사랑하는지 전하고 싶어 했 으며, 자신이 죽은 뒤에도 떠나갈 시간이 올 때까지 그녀 곁에 머물며 그 녀를 안내할 것이라고 했다. 반려인은 앵거스를 안락사시켜도 괜찮은지 알고 싶어 했다. 앵거스는 내게 자신은 곧 죽을 것이며 수의사의 도움에 대해서는 개의치 않는다고 했다.

동물의 마음을 알고자 한다면, 가능한 한 조용히 하며 당신의 생각과 감정과 산만함을 가라앉혀야 한다. 우리는 모두 반려동물과 친밀하며 누 가 가르쳐 주지 않아도 그들이 느끼는 것을 느낄 수 있다. 동물의 죽음으 로 고통스러울 때 가슴을 열고 경청하기는 어려울 것이다. 그러나 대부 분의 반려인들은 적어도 부분적으로나마 내가 죽은 동물에게서 받은 메 시지를 이해하고 있다는 것을 입증한다. 의식하든 아니든, 인간은 그들의 동물을 알고 있으며 이전에 텔레파시 대화를 수신한 경험을 통해 선천적 으로 이해하고 있는 것 같다. 동물과의 대화에 마음을 열고 그것을 인정 한다면, 우리는 한층 더 대화기술을 발전시킬 수 있다. 삶과 죽음의 문제 에 대해 동물과 상호 소통할 수 있다는 것은 최상으로 가치 있는 일이다.

애니멀 커뮤니케이터 엘리자베스 세베리노는 21살의 비글 슬리피가 어떻게 반려인이 자기의 죽음을 목격하는 고통을 겪지 않게 지켰는지 전한다.

슬리피는 평생 반려인 프레드와 함께 살았다. 슬리피는 주로 야외에서 생활하는 개였고, 프레드는 그를 위해 단열과 판자 지붕이 완비된 훌륭한 개집을 지어 주었다. 슬리피는 매우 행복했다.

그러나 자신이 죽으면 프레드가 극도로 힘들어 할 것을 알았다. 그래서 프레드가 장기 출장을 떠났을 때 뒷마당을 파고 빠져나왔다. 그것은 그가 수년간 하지 않던 행동이었다. 이웃집 소년이 그를 숨겨 주었다. 소년은 희귀 전염병을 앓고 있어서 집에만 틀어박혀 있었다.

소년의 엄마가 마침내 슬리피가 아들의 방에 숨어 있다는 것을 알게 되어 적절한 조치를 취했지만, 이미 때는 너무 늦었다. 슬리피의 장기는 완전히 망가졌고, 수의사가 참관한 가운데 안락사시킬 수밖에 없었다.

프레드가 돌아온 뒤, 내가 슬리피의 영혼과 접촉했을 때 그는 꽤 명료했다. 그는 프레드가 자신이 죽어 가는 것을 지켜보는 고통을 겪지 않도록 전체 사건을 지휘했다. 프레드가 견디기에는 너무 힘들 것이라 여겼기 때문이다.

당신이 없을 때 동물이 죽었을지도 모른다. 그것은 당신의 잘못이 아니다. 동물들은 그들의 임박한 죽음에 집중할 필요가 있다. 육체와 생명으로 연결된 에너지를 내려놓는 데에는 남아 있는 모든 에너지가 든다.

동물들은 육체를 떠나기 오래전부터 점점 더 많은 시간을 영적 차원에 할애한다. 이러한 과정을 통해, 그들은 서서히 땅에서 놓여난다. 동물들은 죽을 때 주변 사람들에게서 평화와 고요함을 원한다. 스스로에게나 반려인에게 가능한 한 트라우마를 주지 않고 에너지와 생명을 몸에서 떼어내기 위해서이다. 가족의 다른 동물들에게도 떠나는 동물에 대한 조용한 조심성과 존중은 본보기가 된다.

죽음으로 향하는 여정

때로 동물들은 신체 감각이 둔해지며 몇 달 혹은 몇 년에 걸쳐 서서히 죽어 간다. 그들은 육체를 벗어나 점점 더 영혼의 차원에서 시간을 보낼지도 모른다. 땅과 육체와의 연결은 희미해진다. 이전의 활력은 없어지고, 점점 더 약해지고 혼란스러워하며, 다른 행동을 보이기도 한다. 어떤 동물들은 더 조용해지지만, 또 어떤 고양이와 개들은 훨씬 더 시끄러워지기도 한다. 그들은 삶의 목적을 마쳤고 이제 피곤하다고 말하는지도 모른다. 그들은 육체가 쇠해짐을 깨닫고 떠나고 싶어 할 수도 있다. 때로 동물들은 죽음을 향해 한없이 추락하거나 기적적으로 회생하는 롤러코스터 활주를 반복할 것이다.

사람들은 종종 동물이 언제 죽을지 혹은 고통을 받고 있는지, 떠나기 위해 수의사의 도움이 필요한지 알고 싶어 한다. 그들은 동물들에게 최선의 것을 해 주고 싶어 한다. 동물과 대화하고 그들에게 시시각각으로 일어나는 변화들을 알 수만 있다면, 관련된 모두를 위해 죽음의 과정을 훨씬 더 수월하게 할 수 있다. 정확한 죽음의 때를 예측할 수 없다 해도,

동물들의 변해 가는 감정과 상태에 대해 파악할 수는 있다.

　때로 동물들은 자신이 죽을 때를 강하게 직감하며 분명히 전하기도 한다. 몸이 점차 느려지는 징후를 보였던 아프간하운드 라나*는 2주 안에 자신이 죽을 것이라 전함으로써 내게 마음의 준비를 하게 했다. 라나는 수의사의 도움이 필요치 않으며, 자연스럽게 죽을 것이라 했다. 라나는 계속 약해져서 매일 조금씩 일어서거나 밖으로 나가기 힘들어졌고, 마침내는 전혀 일어설 수 없게 되었다. 나는 그녀의 생명력이 빠져나가는 것을 지켜보며 부드럽게 그녀의 필요사항들을 돌봐주었다. 마지막 사흘 동안 라나는 먹지 않았고, 생의 마지막 날에는 마시지도 않았다. 자신이 떠날 것이라고 말한 지 정확히 2주 만에 세상을 떠났다. 그녀의 육체에서 영혼이 분리될 때 마지막 경련이 있었고, 그것은 정말이지 지켜보기 힘들었다. 새벽 4시였다. 나는 동물 병원이 문을 열자마자 수의사에게 도움을 청하기로 마음먹었다. 그러나 라나는 경련이 시작된 직후, 자신이 선택했듯이 평화롭고 존엄하게 세상을 떠났다.

한 여성이 애니멀 커뮤니케이터 바바라 쟈넬에게 전화해, 12살 강아지의 목에 있는 비 악성종양을 제거하는 수술을 해도 되는지 물어보았다. 바바라는 응답했다. "개가 수술을 받기에는 너무 늦었다고 느꼈어요. 그러나 직접 물어보니 '저는 수술을 받지 않고 1년을 살 거예요. 그러나 수술

---

* 파샤의 딸 (애니멀 힐링 p.75)

을 하면 훨씬 더 편안하게 1년을 살 수 있어요'라고 하더군요."

결국 여성은 수술을 시키기로 결정했고, 그 개는 1년 이상 편안하게 살았다.

분명히 죽어 가고 있다 해도, 모든 동물이 이와 같이 떠날 때를 정확히 아는 것은 아니다. 또 동물들은 몸 치유 작업을 받거나, 질병이나 부상과 관련된 정서적 고통과 트라우마 상담을 받은 뒤에 극적으로 회복하기도 한다.

인간의 태도와 치료

가축이나 포획된 야생동물들은 인간의 환경에서 자신에게 일어날 일들에 대해 혼란스럽고 두려워한다. 어떤 동물은 죽음에 대한 인간의 공포를 그대로 떠안는다. 동물들도 죽음을 두려워한다. 그것이 자아내는 비탄과 가능한 반려인을 위해 오래 살아야 한다는 의무감 때문이다. 많은 가축들은 의도적으로 육체를 지니고 태어난다. 특정 사람들과 함께하며 그들을 지지하고, 사랑하고, 안내하기 위해서다. 그들은 종종 습관이나 생각하는 방식, 정서적 상태에 있어 반려인들과 닮아 간다. 종에 상관없이 사회적 생명체들은 무의식적으로, 혹은 그들의 가족이나 배우자와 더 친밀해지거나 맞추어 가려는 바람으로 더욱 닮아 간다.

그러나 반려동물은 단순히 인간에게서 습득한 것을 모방하는 인간의 연장이 아니다. 그들 또한 자신이 누구이며, 왜 이곳에 있는지 그들만의 지성과 생각을 지닌다. 그들 역시 가정의 울타리 안에서 스스로 결정하고 행동할 수 있다. 동물들도 다른 가족들처럼 반려인의 질병이나 정서적 상태에 공명한다. 그들도 의식적으로나 무의식적으로 인간을 돕고 치유하려 하며, 혹은 인간에게 다소 의존적이기 때문에 자신들에게 영향을 주는 주변의 에너지 패턴을 고스란히 떠안게 된다.

동물을 동료로 존중하는 것은 그들의 안정감을 강화하고, 자신감을 촉진하며, 삶의 기쁨을 더한다. 인간의 보살핌과 존중하는 태도로, 불안정하고 학대 당한 동물들도 더 본연의 전체적인 '자기(self)'가 될 수 있다.

이러한 것들이 죽어 가는 과정에는 어떻게 적용될까? 인간에게 지나치게 의지하는 동물들은 자연스럽지 않은 방식으로 죽음에 이를 수 있다. 그들은 자신들의 죽음이 반려 가족에게 상처가 될까 봐 걱정한다. 그들은 반려인들의 이해와 인정 속에서 존엄하고 평화롭게 죽음을 맞는 대신, 엄청난 고통과 몸의 쇠락에도 불구하고 가능한 모든 치료 과정을 겪으며 버텨야 한다고 느낄 수 있다. 반대로, 또 어떤 동물들은 계속되는 수술이나 치료들을 전혀 원하지 않아서, 인간들이 그들의 소망을 경청하고 존중하지 않으면 감정적으로나 신체적으로 철회해 버린다.

만약 동물들이 겪고 있는 일들에 대해 혼란스럽다면, 지금 하고 있는 있는 것을 멈추어라. 조용히 앉아, 땅에 두 발을 딛고 대지와 연결되도록 하라. 동물에 대한 감정과 걱정이 가라앉을 때까지 깊게 심호흡을 하라. 계속해서 호흡에 집중하며 마음과 정신의 산만함을 흘려보내라. 그러면 당신은 더 집중하고, 더 분명해지며, 당신의 동물과 현존할 수 있을 것이다.

땅에 디딘 두 발을 통해 동물과 연결되어 있음을 느껴 보라. 마음과 정신의 열린 공간을 발견하고, 동물에 대한 걱정 외에 그들에게 무슨 일이 일어나고 있는지 수신해 보라. 그러면 동물의 소망과 감정을 알게 될 것이다. 당신 자신의 정서와 반응 또한 느끼고 존중하라. 동물과 당신 모두

의 감정을 받아들이고 존중한다면 최선의 행동 절차를 결정할 수 있을
것이다.

동물의 죽음을 다루기

죽는 방법에 대한 지침은 없다. 각 사례는 개별적이다. 때로 가장 고통스
러워 보이는 죽음의 이면에 깊은 목적이 있으며, 당사자들은 그 과정을
통해 엄청나게 성장한다. 내 고객들이 동물의 죽음을 다루었던 다양한
방식에 대한 실례를 제공하고자 한다. 여기에는 질병과 죽음에 대한 동
물의 관점도 포함되어 있다. 내 반려동물들의 사례를 제외하고, 허락 받
은 경우에 한해 당사자들의 프라이버시를 존중하여 가명을 사용하였다.

  조안은 14살의 콜리* 프리다가 관절염을 앓고 있다며 내게 전화했다.
그녀는 개가 심한 고통을 겪고 있어서 안락사시켜야 한다고 느꼈다. 그
러나 프리다는 몸이 뻣뻣하며 돌아다니는 데 어려움이 있지만, 참을 수
없을 정도의 고통은 아니며, 아직 죽고 싶지 않다고 내게 분명히 전했다.
프리다는 아직 삶이 완성되지 않았다고 느꼈으며, 가족들과 몇 달의 시
간을 더 함께 있고 싶어 했다. 그녀는 조안이 생각하는 정도까지 고통스
럽지 않으며, 때가 되면 조안을 바라보고 작별 인사를 하여 알려 줄 것이
라고 했다. 그러는 동안 나는 프리다가 좀 더 편안하게 지낼 수 있도록 침
술 치료를 권했다.

  몇 달 뒤, 프리다는 스스로 움직일 수 없는 정도에 이르렀다. 그녀는 조

---

* 영국에서 양을 모는 견으로 개량된 품종.

안을 쳐다보았고, 조안은 수의사에게 도움을 청해야 할 때가 되었음을 알았다. 모두가 준비되고, 프리다는 편안하게 육체를 떠날 수 있었다.

조안처럼 당신도 죽음의 시기에 대해 동물들과 대화할 수 있다. 그들이 떠날 준비가 된 때를 올바르게 안다면, 당신 역시 준비하는 데 도움이 될 것이다.

🐾

메리에게는 조이와 릴리라는 스포츠견 두 마리가 있었는데, 조이는 아빠였고 릴리는 딸이었다. 조이는 요통과 신경질환을 앓았는데, 특히 걸을 때 고통이 심해 비명을 지르며 자신의 엉덩이를 물어뜯곤 했다. 표준 수의학 치료, 침술, 허브, 대체의학, 게다가 상담과 심리 치유로 고통은 어느 정도 완화되었으나, 증상은 죽을 때까지 오르락내리락하며 요동쳤다. 죽음의 과정은 길었고, 그것이 메리에게는 심한 정서적 고통이 되었다.

조이가 죽은 지 1년 즈음, 릴리 역시 유사한 증상을 보이기 시작했다. 수의사에게 몇 번 다녀왔으나 도움이 되지 않자, 메리는 무슨 일이 일어나고 있으며 어떻게 해야 할지 나에게 도움을 구하러 전화했다. 릴리는 스스로를 물어뜯었을 뿐 아니라, 이전에 친했던 동료 고양이를 공격해 심하게 다치게 했다. 메리는 어떻게 해야 할지 극심한 스트레스를 받고 있었다.

나는 릴리에게 주파수를 맞추기가 어려웠다. 개의 고통이 너무나 심했기 때문이다. 그러나 메리에게 솔직해야 했으므로 가능한 가장 부드럽게 말했으나 메리는 받아들이기 힘들어했다. 나는 릴리를 고통에서 놓아주기 위해 다시 수의사에게 데리고 갈 것을 권했다. 그러나 메리는 고통이 심해 삶의 질이 비참해질 때조차, 동물을 안락사시킨다는 생각을 받아들이지 못했다. 나는 메리가 죽음을 삶의 일부로 받아들이도록 안내하려 애쓰며, 개의 고통이 나아지지 않는다면 삶의 다음 단계로 보내는 것이 좋을 것이라 안심시켰다. 한편 릴리가 또다시 고양이를 해치거나 인간을 공격할 수도 있다고 주의를 주었다. 그러나 메리는 정말로 릴리가 엄청난 고통을 받고 있는지 계속해서 물었다. 어쨌든 릴리가 여전히 꼬리를 흔들며 격한 비명의 사이사이 그녀에게 안긴다고 생각했기 때문이다.

사실 릴리는 고통이 너무 심해 자신이 무엇을 원하며 무엇을 하고 있는지 알지 못했다. 그녀는 고통 받고 싶어 하지 않았고, 죽음 또한 더 이상 두려움이 되지 못했다. 그러나 그녀는 자신이 무엇을 하고, 어떻게 느껴야 할지 반려인 메리만을 쳐다보았다. 그 후 나는 릴리가 어떻게 되었는지 모른다. 메리가 내게 당신에게 전화하지 말았어야 했다는 메모를 남겼기 때문이다. 메리의 죽음에 대한 공포와 자신의 개에게 일어나는 일들을 직면하지 못함으로 인해, 동물이 너무나 많은 고통과 괴로움을 겪어야 하는 것은 참으로 슬픈 일이었다.

카렌의 노령묘 파프리카는 콩팥 기능 부전으로 서서히 죽어 가고 있었다. 카렌에겐 많은 종류의 반려동물이 있었지만, 특히 파프리카와 친해서 자신의 고양이가 죽는다는 생각에 견딜 수 없었다. 수의사의 도움과 카렌이 놓는 피하수액을 맞으며, 파프리카는 때로는 꽤 활력적으로 또 때로는 심한 고통은 아니지만 기진맥진한 상태로 그럭저럭 몇 개월간 버텼다.

카렌은 파프리카가 신체적·정신적·영적으로 어떤 상태인지 알기 위해 내게 연락했다. 파프리카는 삶을 지속하는 데 필요한 수의학 치료를 기꺼이 견딜 준비가 되어 있었고, 죽어 가는 과정 내내 카렌과 함께 있기를 소망했다.

파프리카를 돌보며 그들의 교감이 깊어 가는 몇 달 동안, 카렌은 점점 더 고양이를 떠나보낼 수 있게 되었다. 카렌은 죽음이 끔찍하고 파괴적인 과정일 필요는 없다는 것을 깨달았다. 파프리카는 사랑과 인내심이 성장해 가며, 카렌에게 죽음뿐 아니라 영적 존재로서 자신의 본성에 대해 가르쳤다. 파프리카가 평화롭게 육체를 떠날 즈음에는 그들 둘 다 준비가 되었다. 그들은 죽어 가는 과정을 통해 말할 수 없이 많은 것을 배웠다. 카렌은 파프리카가 죽은 뒤에도 그녀의 영적 존재를 인지했으며, 그들이 느낀 교감으로 육체를 잃은 상실감을 다스릴 수 있었다.

당신은 동물과 자신의 영적 본질과 교감에 집중함으로써 동물과 스스로를 도울 수 있다. 그럼으로써 서로가 함께한 삶에 대해 사랑으로 기념하며, 육체를 넘어선 연결로 나아갈 수 있다.

수잔은 도베르만견 트레이더를 살리기 위해 고통스러운 과정을 겪었다. 트레이더는 심장과 신장에 문제가 있었다. 수잔은 절망 가운데 수많은 약물과 치료를 시도했고, 그것이 트레이더에게 정서적·육체적으로 혹독한 시련이 되었다. 그들은 서로 상실의 공포를 그대로 투영했고, 죽음의 과정 동안 극심한 고통을 겪었다.

다행히 수잔은 트레이더의 끔찍했던 죽음의 과정을 통해 배웠다. 그녀의 고양이 피넛에게 암이 발생했을 때, 그녀는 고양이를 위해 어떤 결정을 내리거나, 억지로 살리려 애쓰지 않기로 마음먹었다. 그녀는 피넛에게 언제, 어떤 방식을 택하든 자유롭게 떠나도 좋다고 했다. 그녀는 그가 원할 때면 부드러운 치유 작업도 해 주었다. 피넛은 이후 극단적인 의료 치료 없이 1년 넘게 활동하며 행복했다.

수잔은 이제 동물들이 그녀의 삶에 와 준 것을 축복으로 여기며 자유롭게 떠나는 것 또한 받아들인다. 이러한 태도는 동물과의 관계에 엄청난 질적 차이를 가져올 것이다.

이별 준비

죽음의 과정이 당사자들에게 얼마나 많은 영적 진화를 가져오는지는 죽음에 준비된 정도에 달려 있다. 밀물과 썰물처럼 에너지가 변화하는 질병과 죽음의 과정에서, 동물들은 자신들의 마음이 경청되고 존중 받기를 원한다. 그것으로 그들은 위로 받으며, 계속 살거나 혹은 더 쉽고 평화롭게 죽음을 맞이할 수 있다.

애니멀커뮤니케이터 조안나 세레는 놀라웠던 고양이 피오와의 체험을 전한다. 피오는 죽음의 여정 동안 조안나에게 곁을 내주며, 내려놓음과 받아들임과 우아함의 예술을 보여 주었다.

피오는 맨디라는 섬세하고 배려심 있는 여성을 통해 내게로 왔다. 그녀는 치료사로 일하며, 남편과 두 살배기 아들 그리고 피오의 형제 고양이 루와 함께 살고 있었다. 피오와 루는 12년 전 뉴욕의 쓰레기통에 버려졌다가 구조되었다. 맨디와 함께 살면서 고양이들은 사랑스러운 가족의 일원으로 활짝 피어났지만, 초기 트라우마의 양상은 항상 남아 있었다.

맨디가 내게 전화했을 때, 피오는 악성 비강 편평세포암으로 진단받았고 예후는 극히 나빴다.

맨디는 자신의 감정과 선택뿐 아니라 피오의 감정과 소망을 배려하는 데에도 관심을 쏟았다. 피오와 대화해 보니 그는 아직 떠날 준비가 되어 있지 않았다. 게다가 어떤 극단적인 치료를 강요받거나 그것으로 지탱하고 싶지 않다고 내게 매우 구체적으로 전해 왔다. 맨디는 피오가 얼마의 시간을 갖고 어떤 방법을 요청하든 들어주리라 결심했다. 그러나 그가 고통 받기를 원하지는 않았기 때문에, 만약 죽음의 때에 도움이 필요하면 분명히 알려 달라고 했다.

우리가 상담 회기를 시작했을 때, 피오 안에서 생생한 내려놓음의 과정이 펼쳐졌다. 그는 아직 남아 있는 새끼 시절의 트라우마와, 사는 동안 완전히 자유로울 수 없었던 버려진 장소를 마음속에서 떠나보냈다. 맨디는 피오가 그 어느 때보다 행복해 보인다고 했다. 피오에게서 무언가가 걷혔고, 그는 더 균형적이며 즐거워했다. 상담이 진행될수록, 그는 더욱 고양되었고 에너지는 초자연적으로 빛났다. 그는 눈부셨으며 거의 투명해졌다.

맨디 역시 아름다운 황금빛이 피오를 에워싸는 것을 보았다. 피오는 애정으로 가득 차 맨디와 더 깊은 신체 접촉을 원했다. 피오의 체중이 줄고 눈동자가 눌리며 외모가 변형되면서 맨디는 종양이 잠식해 가고 있음을 알아차렸다. 그러나 피오는 행복했고, 애정이 넘쳤으며, 평화로웠다.

암이 빠르게 퍼져 외관이 몹시 변형되며 극도로 고통스러울 수 있었음에도, 피오는 고통을 느끼지 않았고 자신의 몸을 다르다고만 느꼈다. 그는 은총의 상태로 접어들었고, 과거를 용서했으며, 자신의 상태를 받아들였고 완벽한 현재에 살았다. 그의 존재는 부처가 삼매(三昧)*를 성취했을 때 본 사진을 연상케 했다—완전한 수용과 살아 있음 속에서 황금빛으로 빛나며 즐거워하는 상태!

맨디 역시 피오와 함께 내려놓으며 매 순간 그저 존재하고자 했다. 피오는 예정된 시간보다 더 오래 살았다.

어느 날 맨디는 피오가 먹지 않는 것을 눈치챘다. 피오는 음향기기 뒤에 있는, 자신이 가장 좋아하는 낮잠 장소로 들어가 나오지 않았다. 맨디는 내게 전화를 걸어 자신이 어떻게 해야 할지, 그리고 피오가 살아 있는지 물어보았다. 피오와 접촉해 보니, 그는 영혼의 본질로 너무나 생생히 살아 있어서 자신이 아직 육체에 있는지 확신하지 못했다. 나는 그가 몸에서 떠난 것을 느낄 수 있었다. 그러나 육체에서 영혼으로의 이행은 너무나 부드러워서 그는 거의 알아차리지 못했다. 그는 완벽히 두 세계를 걷고 있어서, 생과 사의 경계를 넘는 것은 숨을 내쉬는 것만큼 간단했다.

맨디와 나는 함께 울고 기뻐했다. 피오는 살고, 내려놓고, 신성의 존재에 완전히 내맡기며 우아하게 죽어 가는 과정을 너무나 훌륭하게

---

* 순수한 집중을 통해 마음이 고요해진 상태로, 불교 수행의 이상적인 경지이다.

증명해 냈다.

죽은 뒤에, 피오는 자신의 형제인 루가 최고 서열의 고양이로서 새 삶에 적응하도록 도왔다. 피오는 밝고 부드러운 존재로 루와 맨디와 아이들의 삶을 인도했다.

한편, 어떤 동물들은 역시 심하게 고통스럽고 더 이상 기능할 수 없을 때조차, 그들의 삶과 육체와 반려인에게 집착하며 죽고 싶어 하지 않을 수 있다. 사랑의 이해와 꽃 에센스, 동종요법의 치료로 감정과 애착 사이의 균형을 돕고, 또 영적인 치유를 통해 견딜 수 없을 정도로 고통스럽지만 떠나기를 원하지 않는 동물의 이행을 좀 더 쉽게 할 수 있다.

나는 이러한 과정을 내 아프간하운드 파샤에게서 겪었다. 파샤는 죽음이 임박했을 때조차 고집스럽게 매달리며 살려고 발버둥 쳤다. 우리는 꽃 에센스와 치유 에너지와 기도를 통해 파샤가 평화에 이르도록 도왔다. 수의사가 마지막 주사를 놓았을 때, 우리는 모두 안도했다. 파샤는 감사해 했고, 그의 영혼은 자유롭고 명쾌히 떠나갔다.

갑작스러운 죽음

갑작스럽거나 예기치 않게 죽은 동물들은 혼란스러워하며 자기가 죽었다는 사실조차 알지 못하기도 한다. 차에 치여 담장으로 튕겨 나간 한 저먼 셰퍼드가 자신은 담장 뒤에 있으며 집으로 가는 길을 찾을 수 없다고 계속해서 내게 접촉해 왔다. 나는 대화와 상담으로 개가 사고의 트라우마에서 벗어날 수 있게 도와주었다. 그녀는 담장에 걸려 반려인에게 되돌아가려 애쓰는 개로서의 이미지와 생각을 떨쳐버리고 영혼으로 기뻐하며 자신의 길을 갈 수 있었다.

애니멀 커뮤니케이터 바바라 쟈넬은 늙은 말을 갑자기 안락사시키기로 결정했던 고객에 대해 말한다.

> 늙은 말 조는 앞으로 무슨 일이 일어날지 알지 못했다. 농장주 엘렌도 마찬가지였다. 얼마 후 수의사가 도착하여 그곳에서 무엇을 할지 말했고, 농구 골대 근처 헛간 앞에서 조를 안락사시켰다.
> 사흘간 엘렌의 강아지 러스키가 헛간 앞의 그 장소로 가, 농구 골대를 쳐다보며 짖어 댔다. 조의 영혼은 전체 상황에 매우 당황해 하며 그곳에서 배회하고 있었다. 나는 죽은 말에게 그가 몸에서 떠났다는 것과, 우리에게 주었던 모든 기쁨에 감사를 전하며, 이제 떠나도 좋다고 말했다. 러스키는 즉시 짖는 것을 멈추었고 다시는 골대를 향해 짖지 않았다.

나는 대개 도로에서 죽은 동물들을 확인한다. 그들이 성공적으로 떠났는지 아니면 방향을 재설정하는 데 어려움을 겪고 혼란스러워하며 몸 주위를 배회하는지 알아보기 위해서다. 갑작스러운 죽음에 대한 트라우마를 수용해 주는 것만으로 그들을 행복하게 떠나보낼 수 있다. 어떤 동물들은 영혼의 세계에 머무르지 않고, 마치 회전문을 통과하는 것처럼 바로 자신들의 목적을 수행하기 위해 유사한 형태로 다시 태어난다. 당신은 이런 경우 역시 도움이 되도록 연습할 수 있다.

충격적이고 혼란스러운 죽음을 겪은 동물들도 대개는 인간과의 대화나 상담의 도움을 받지 않고 스스로 영적 균형을 빠르게 회복한다. 그들은 죽음을 삶의 일부로, 그들 자신을 영혼의 일부로 인지하고 있다. 야생의 포식자와 먹잇감 사이에서 일어난 것 같이 신속하고 예측 가능한 죽음은 수용될 수 있으며 어떤 혼란을 남기지 않는다. 또 야생동물이든 가축이든, 특정한 방식으로 삶과 죽음에 대해 의식적 선택을 하고 목표를 완수했다고 느끼면 동물들은 꽤 행복하게 이동해 갈 수 있다. 가정의 울타리 내에 동물들에게는, 많은 경우 인간이 그들의 선택을 이해하고 존중하는 것이 도움이 된다.

자연적인 죽음

이상적으로, 우리는 동물들이 사랑에 둘러싸여 평화롭게 태어나고 죽기를 바란다. 역사상 지구의 대부분 생명체가 생에서 다음 생으로 이동하는 경험은 사고, 살인, 전쟁, 학살, 학대, 고문, 방임에서 비롯되는 외상적 죽음의 전반을 포함한다. 종에 상관없이 존재의 탄생 및 삶과 죽음을 존중하며, 그들의 삶의 흐름이 고통에서 평화와 고요와 사랑의 돌봄으로 변화하게 도울 수 있다면 모두에게 특별한 선물이 될 것이다.

신체는 살아남도록 설계되어 있어서, 그 의지에 상관없이 완강히 피와 호흡을 계속해서 주입한다면, 영혼이 떠나가기 어렵다. 때로 반려동물을 붙잡고 그들에게 에너지를 주며 끊임없이 육체를 보살피는 것이 동물들이 죽는 과정을 더욱 고통스럽고 불가능하게 할 수 있다. 인간의 정서와 생각 역시 방해가 될 수 있다. 각각의 사례마다 다르다. 어떤 동물들은 죽을 때 당신이 그곳에서 자신들을 위로하며 안아 주기를 원한다. 한편 인간을 포함해 많은 동물들은 홀로 있을 때 떠나기도 한다. 그들에게는 영적 차원에 집중하고 평화롭게 죽기 위해 그런 조용한 장소가 필요하다.

죽음의 과정 동안 동물들은 느려지며 당신 역시 그들과 같이 느려지는 것이 자연스럽다. 정서적으로 고통스러운 그 과정 동안, 관련된 모든 이들에게 가능한 많은 위로가 되어 주도록 애써라. 이 신성한 통과의 시기 동안, 당신의 심장이 깨어지고 열리면서 자아내는 깊은 감정과 성장을 체감할 시간을 가져라. 당신의 감정을 존중하고 스스로 정서적으로 정화하며, 또 동물의 감정과 죽음에 대한 바람을 배려하는 것 모두가 중요하다.

나의 아프간하운드 반려견 '붓다 보이*'는 2005년 11월에 세상을 떠났다. 그는 죽기 며칠 전, 내게 자기 옆에 누워 마지막으로 꼭 안아달라고 했다. 그 후에는 최소한으로만 만지기를 바랐다. 마지막 며칠 내내 그는 어떤 음악이나 산만함 없이 조용하기를 원했으며, 내가 주변에 있는지만 알고자 하였다. 나는 이 시간의 섬세함을 존중하며, 정원의 꽃으로 꽃병들을 채워 붓다의 공간을 에워쌌다. 그리고 촛불을 켜고 신성한 물건들로 특별한 제단을 만들었다. 우리의 암컷 반려견 벨린다는 이 시기 동안 정중히 붓다에게서 얼마간 떨어져 앉아 밤새 자리를 지켰다.

나는 많은 종류의 다양한 동물들과 삶을 함께하는 행운을 누렸다. 그들 대부분은 수의사의 조력 없이 세상을 떠났다. 영혼이 육체에서 분리되고 몸의 기관이 닫힐 때 동물들은 울며 신음하기도 한다. 걱정되겠지만 이것은 분리의 과정이다. 영혼이 육체에서 마지막으로 분리될 때 경련이 있거나 체내 분비물이 배출될 수도 있다.

내 반려견 붓다 보이는 수의사의 개입 없이 스스로 세상을 떠나겠다고 구체적으로 부탁했다. 마지막 날 그는 힘겹게 호흡하며 간간이 신음했다.

* 파샤가 죽은 뒤 페넬로가 입양한 아프간하운드로, 11장에서 파샤의 환생으로 자세히 설명된다.

그는 일어설 수 없었지만, 밖으로 나가 쉬도록 내가 돕게 하지 않았다. 이전에 그는 홀로 할 수 있었기 때문이다. 나는 이미 그와 나 자신에게 떠나도 좋다고 다짐했다. 때로 동물들은 이러한 반려인의 '허락' 없이 무의미하게 매달리며 고통 받는다.

삶의 여정의 마지막 단계 동안 붓다 보이와 접촉하면서 나는 그가 간간이 떠나기를 꺼린다는 것을 느낄 수 있었다. 그러나 그는 되돌아갈 수 없다는 걸 잘 알고 있었다. 그에게 몸은 점점 짐이 되고 있었다. 마지막 날, 고통이 계속 고조된다면 나는 수의사에게 전화해야겠다고 느꼈다. 그러나 붓다 보이는 죽음에 이를 때까지 장기 손상으로 인한 고통을 겪어 내겠다고 분명히 전했다. 그는 만약 다음 날까지 죽지 않으면 그때는 수의사에게 전화해도 좋다고 했다.

나는 천사들과 조상들의 영혼과 위대한 어머니와 우리 내면과 주변의 신들과 영혼의 모든 안내자들과 먼저 떠나간 동물들에게 붓다 보이가 평온하게 떠날 수 있도록 도와 달라고 간청했다. 우리는 이미 지난 몇 주간 삶을 회고했고, 서로의 오해들을 용서했으며, 함께한 시간을 기념했다.

이 죽음의 국면에서 그는 생의 마지막 임무를 완수하는 것 같았다. 나는 마지막 몇 시간 동안 그와 함께 있었고, 너무 피곤해서 옆에 있는 내 침대에서 쉬었다. 그러다 잠이 들었고, 몇 시간 뒤 일어났을 때 그는 이미 죽어 있었다. 그의 얼굴은 평온해 보였다. 처음에는 그가 떠나는 순간 함께 깨어 있지 못해 몹시 안타까웠다. 그러나 그의 영혼은 마지막 극심한 고통의 순간 내가 있지 않아 다행이라며 즉시 나를 안심시켰다. 오직 그만이 그 여정의 마지막을 감당할 수 있었다. 그는 죽음에 수반되는 마지막 몸의 발작을 내가 보지 않게 지켜 내어 기뻐했다. 영혼으로 확장된 그의 존재를 느꼈을 때 내 가슴은 깊은 사랑으로 채워졌다.

마지막 호흡 직후, 그는 진정한 자기 자신의 본질을 체험했다. 그는 사는 동안 나와 함께했던 작업의 다양한 국면들과 우리가 함께한 여정이 왜 그런 식이어야 했는지에 대해 더욱 깨달았다. 그것은 우리 둘 모두에게 깨우침을 주었으며 사무치게 신성했다. 그는 계속해서 나와 교감했고, 나는 그와 모든 생명으로부터 새로운 수준의 사랑에 젖어 들었다. 이루 말할 수 없이 고무되어, 나는 아직도 이 죽음으로의 통과 시기 동안 일어난 모든 것들을 완전히 표현할 수 없다. 붓다 보이는 나와 함께 살며 12년이 넘게 내 일을 도왔다. 나는 그저 감사했다.

그날 사체를 갖추어 두는 것이 좋겠다고 느껴졌다. 나는 그의 몸에서 나온 분비물을 정성껏 닦고 꽃으로 둘러쌌으며, 그를 기념하여 계속 촛불을 밝혀 두었다. 나는 붓다의 무덤을 3년 전 죽은 그의 친구 아프간하운드 레아*의 무덤 곁에 이미 파 두었다. 그날 늦게, 그의 시체를 무덤으로 옮길 때가 되었다고 느꼈다. 나는 대개 무덤 속 반려동물들의 사체를 내 옷이나 그들이 생전 좋아하던 담요 위에 놓는다. 나는 붓다가 마지막 몇 주 동안 몸을 따뜻이 덥히는 데 사용했던 담요와 그가 특별히 좋아하던 내 낡은 스웨터를 무덤 속에 넣었다. 그리고 사체를 그 위에 놓고, 꽃과 크리스털과 특별한 돌들로 에워싸고 덮었다. 그러나 아직 그를 완전히 흙으로 돌려보낼 때라고는 생각되지 않았다. 그래서 밤새 시트로 무덤을 덮어 두고, 아침이 되어서야 장례식을 치렀다. 더욱 많은 꽃과 그가 좋아하던 간식을 추가한 뒤 흙으로 덮고 무덤을 쌓아 올렸다.

붓다가 죽은 직후, 그 신성한 시간 동안 과거의 동물들이 – 대부분 그들

---

* 페넬로페의 반려견 중 하나. 파샤와 라나, 붓다 보이와 같은 아프간하운드였지만, 이후 그녀의 죽음에 대해 설명하며(4장), 특별히 다른 차원에서 온 영적 존재였다고 말하고 있다.(11장)

의 사체는 '떠다니는 평화의 섬(Floating Island of Peace)'이라는 우리 모두의 공유지에 묻혔다 - 재회하러 방문했다. 나는 정원에서 걸을 때나 붓다의 무덤 곁에 앉을 때 이 놀라운 영혼의 친구들을 만나곤 한다. 그들은 한때 고양이·개·토끼·새였고, 닭·도마뱀·쥐·라마** 혹은 기니피그였다. 우리 모두 함께한 삶의 전체 단계를 완성한 것과 새롭게 시작되는 무언가를 축하했다.

붓다가 죽은 후 첫 주간, 나는 사랑으로 충만하고 깊어진 그의 존재를 강하게 느꼈다. 그는 내가 행복하기를 바라며 내 삶과 미래의 여정에 축복을 쏟아 부었다. 그는 생전에 자신을 알았고, 그의 눈부신 광대함을 함께 나누었던 많은 다른 사람들과도 접촉했다. 나는 우리의 연결과 사랑이 계속해서 깊어짐을 느낀다. 그리고 그것은 시간이 갈수록 더욱 커질 것이다.

동물 사체의 처분

내가 대화한 대부분의 동물들은 죽은 이후 생전의 몸에 집착하지 않았고, 사체의 처리 방식에 대해서도 신경 쓰지 않았다. 그러나 어떤 동물들은 특정한 장소에 특정한 방식으로 매장되기를 부탁하며, 또 어떤 동물들은 화장하여 그 재를 특별한 장소에 뿌려 달라고 하기도 한다. 대부분 동물들은 자신들을 기리며 열리는 의례에서 사람들이 표현하는 애정을 보며 즐거워한다. 그것은 관련된 모든 이들에게 완결되었다는 감정을 갖

** 아메리칸 낙타.

게 하며, 그 결과 인간과 동물 모두 육체적으로나 영적으로 다음 단계로 나아갈 수 있다. 나의 한 고객은 반려견 그레이트 데인*의 죽음과 관련해 내게 편지를 썼다.

> "전화 상담으로 도와주셔서 너무나 감사합니다. 약 3주 후, 저는 잠에서 깨어 의심할 바 없이 이제 그가 떠나도록 도울 때라는 것을 알았어요. 그와 저는 영혼의 아스트랄계**에 대해 이미 말해 왔어요. 그래서 저는 수의사와 약속을 잡고 그에게도 그렇게 전했답니다. 그는 이해했고 그날 밤은 성스러웠어요. 마지막 3일간 그는 예전의 모습 같았고, 아프기 전에 했던 모든 것들을 했어요. 그것은 우리 모두에게 너무나 특별한 선물이었어요. 그는 평화롭게 잠자리에 들었고, 낡은 육체에서 벗어나는 것은 황홀했습니다. 그는 종종 나와 함께 있어요. 우리는 그의 뼈를 삼나무 숲 깊이 묻고, 그 위에 삼나무 묘목을 심었어요. 저는 그가 몹시 그립지만, 그는 행복해요. 그래서 저도 생각했던 것만큼 가슴 아프지는 않습니다."

일반적으로 죽은 존재들은 육체가 없이 자유롭게 느낀다. 그들은 지나간 육체에 일어난 일보다 가족들의 정서적 상태에 대해 더 많이 신경 쓴다. 그들은 한동안 사랑하는 가족의 주변을 맴돌며 그들이 괜찮은지 확인하며 사랑과 축복을 보낸다. 혹은 새로운 반려동물을 가족에게 인도하기도 한다. 이 시기에 애니멀 커뮤니케이션 기술을 적용하는 것은 너무

---

* Great Dane : 세계에서 가장 큰 개 중 하나로, 독일에서 개량된 품종.
** 아스트랄계(astral plane) : 별의 세계. 이승과 저승의 두 세계 '사이' 혹은 물질계를 벗어난 '영계'라고도 한다.

나 보람되고 심오한 일이다. 당신은 살아가는 동안 반려동물의 영혼을 느끼며 그 연결감을 계속해서 느끼는 축복을 누릴 수 있을 것이다.

어떤 동물들은 그들의 때가 되면 환생한다. 그 주제에 관해서는 이후에 다루기로 한다.

3장
떠나보내기 그리고 안락사

동물과 함께하는 '삶의 아름다움'은 어떤 형태로든 '죽음의 아름다움'을 함께하는 기회를 동반한다.

반려동물과 육체적으로 함께하는 삶이 끝나면, 당신은 영혼의 장에서 다른 수준으로 소통하기 위해 텔레파시 기술을 열고 넓히고 깊게 할 기회를 얻는다. 그것은 동물과의 결속을 한층 더 풍부하게 할 것이다.

― 조앤 폭스Joan Fox, 애니멀 커뮤니케이터

어떻게 알 것인가!

동물들이 삶과 죽음의 과정을 어떻게 느끼는지 알고 세심히 신경 쓰는 것은 매우 중요하다. 만약 그들이 살고자 맞서 싸우며 회복하기를 원하고 기꺼이 도움이 될 만한 치료를 받고자 한다면 그들을 지원해야 한다. 때로 인간의 도움 없이 움직일 수조차 없는 동물들도 계속 살고 싶어 하며 반려인들에게 도움이 되기를 원한다. 인간과 동물이 서로에게서 얻는 영감과 사랑과 성장의 깊이는 측정될 수 없다.

언제 치료를 끝내고 떠나보낼지 알기는 어렵다. 당신의 동물들 역시 알지 못할 수도 있다. 그들은 고통스럽거나 쓸모없는 치료를 지속한다 해도, 많은 경우 당신이 원하는 것을 하기를 소망한다. 그러므로 수의사의 진단과 당신의 직관 그리고 동물의 느낌과 소망에 대해 직접 대화함으로써 죽음으로의 이행을 훨씬 더 수월하게 할 수 있다. 동물의 육체를 떠나보내는 것이 슬프고, 우리의 슬픔을 애도하며 감정을 흘려보낼 필요가 있다 해도, 영혼이 된 동물과의 접촉은 그 전체 과정을 이해하는 데 도움이 될 것이다.

동물을 잘 이해하고 있다 해도, 안락사를 통해 죽음의 과정을 돕는 것이 괜찮은지 또 그 시기가 언제일지 알기란 어렵다. 동물이 살기를 바라는 당신의 소망과 그들의 죽음에 대한 걱정으로 명확한 의사소통이 차단될 수도 있다. 한편, 동물들 역시 그들이 원하는 시기와 방식으로 죽기를 부탁한다 해도 상황은 변할 수 있다. 고통이 너무 심하면 육체를 벗어나는 데 도움이 필요하다.

그러므로 그들에게 알려 달라고 해라. 그들과 가까이 있음으로써, 당신은 동물들의 소망을 느끼고 그 신호를 이해할 수 있다. 깊게 호흡하고 대지와 연결되며 모두를 위해 진실로 최선인 것을 향해 마음을 연다면, 당신은 무엇을 해야 할지 알게 될 것이다.

건강이 쇠해지면 어떤 동물들은 말한다. "이제 떠나게 해 줘요. 존엄성을 잃기 전에 나를 도와줘요." 동물들과 조용히 앉아, 최선을 다해 그들의 마음을 경청하고 화해하며, 함께한 삶을 회고하고, 기꺼이 보내 주는 것이야말로, 그들이 생명을 지속할 수 없을 때 당신이 해야 할 최선의 것들이다. 그러면 많은 동물은 조용하고 행복하게 떠날 수 있다. 동물의 육체를 잃는 슬픔 가운데서도 당신은 죽음 이후 자유로운 영혼이 된 그들의 기쁨을 경험할 수 있을 것이다. 그리고 이 모든 전체 과정을 더 분명하게 이해하게 될 것이다. 애니멀 커뮤니케이터 엘리자베스 세베리노는 14살의 노령견 보디에 대해 전한다. 보디는 자신이 무엇을 원하는지 분명히 알고 있었다.

보디는 점차 기능할 수 없었다. 우리가 상담하는 동안 그는 내장이 나빠지고 있으며 뒷다리를 움직이기 힘들다고 했다. 그는 반려인에게 분명히 신호할 것이라고 했다. 그는 식욕을 잃고, 신장과 대장을 통제할 수 없으며, 신음하며 그 소리는 날로 커질 것이고, 결국 뒷다리를 완전히 쓰지 못하게 될 것이다. 그는 그때가 되면 '나쁜 날들'이 '좋은 날들'을 압도할 것이며 그 모든 '밀고 당김'을 멈출 것이라고 분명히 알렸다. 그는 쇠약해진 몸에서 놓여나 떠나는 데 도움을 바라기까지 3~4주가 걸릴 것이라고 예상했다. 이후 반려인은 그날로부터 3주쯤 모든 징후가 명백해졌다고 말했다.

동물의 건강을 회복시키기 위해 최선의 치료책을 구하는 것은 자연스러운 일이다. 그러나 한편 죽음을 자연스럽고 심오하며 심지어 아름다운 삶의 일부로 볼 수만 있다면, 동물은 편안해 하며 좀 더 쉽게 회복되거나 평화롭게 떠날 수 있다. 당신의 감정을 오는 그대로 받아들여라. 그러나 동물에게 당신의 감정적 부담을 지워 그들이 계속 삶에 매달리게 하지 말라. 그들의 마음을 경청하고, 그들 영혼의 본질과 접촉하라. 그들의 관점을 이해하고 죽음도 삶과 마찬가지로 성장의 과정이 되게 하라.

떠나보내는 것에 대한 교훈

삶과 죽음의 흐름에 굴복하고 내려놓는 것을 배우는 것은, 우리가 이 땅에서 사는 동안 다양한 방식으로 경험하게 되는 지속적인 과정이다.

한 여성은 잃어버린 강아지를 죽은 것으로 단념해야 했는데, 이후 개는 살아서 되돌아왔다. 애니멀 커뮤니케이터 카렌 앤더슨은 여성이 집을 나간 강아지 쉐도우를 찾도록 도와준 사연을 전한다. (책 *Hear All Creatures!*에서 발췌.)

나는 텔레파시로 강아지 쉐도우와 연결되었다. 쉐도우는 당황하고 길을 잃었지만 살아 있다고 알려 왔다. 개는 집에서 남쪽으로 갔고, 다른 사람들을 따라갈 수도 있었지만 너무 두려워 다가가지 못했다고 했다. 쉐도우는 들판과 담장 근처 낡은 트럭 옆에 웅크리고 있는 자신의 이미지를 보내 왔다.

반려인은 정서적으로 몹시 불안한 상태였고, 쉐도우를 찾기 위해 모든 장소에 공고문을 붙이고, 농가마다 방문하여 들어주는 누구에게

든지 말하고 다녔다. 그녀는 내가 쉐도우에게 어떤 단서라도 얻었는지 알기 위해 그 후 몇 주간 빈번하게 전화했다. 그녀는 날마다 시골길을 운전하며 쉐도우를 불렀지만 아무도 본 사람이 없었다.

여성은 심령술사에게도 연락해 쉐도우가 살아 있는지 물었다. 심령술사는 "아니요, 강아지는 며칠 전에 죽었어요. 내가 대화하고 있는 쉐도우는 그의 영혼이에요. 그는 지금 저승에서 더 젊고 더 행복하며 애정이 넘치는 삶을 살고 있어요."라고 했다. 여성은 울면서 내게 전화해 이제 쉐도우가 죽은 것을 알았다고 했다. 그녀는 내게 감사를 전하며, 집에서 조용히 의식을 치러 쉐도우와 작별할 것이라고 했다. 감정적으로 완전히 지쳐 버려서, 그녀는 자신의 개가 죽었다는 사실에 스스로 단념했다.

며칠 뒤 쉐도우는 내게 접촉해, 반려인이 떠나보내는 법을 배울 필요가 있었다고 전해 왔다. 그것은 쉐도우가 여성에게 가르쳐야 할 교훈이었다. 일단 그녀가 떠나보내자, 쉐도우는 되돌아왔다. 쉐도우는 이 교훈이 자기에게도 힘들었으며 정서적으로 트라우마가 컸지만, 그녀의 영적 성장을 위해 필요한 것이었다고 했다. 쉐도우는 춥고 배고프지만, 자신은 여전히 살아 있다고 다시 한번 확인해 주었다(때는 11월이었다).

나는 그녀에게 쉐도우의 메시지를 전해야만 했다. 그러나 그녀는 전날 밤, 장례를 치러 마지막 작별 인사를 했다고 말했다. 그녀는 다시 한번 내게 감사해하며, 지금은 모든 것이 끝나 훨씬 편안해졌다고 했다.

그러나 며칠 뒤, 나는 그녀에게서 이메일을 받았다. "쉐도우가 살아서 집에 돌아왔어요!" 한 남성이 여성의 전단지를 보았고, 그녀의 집에서 남쪽으로 약 8킬로미터 떨어진 무선 활주로 근처 높은 풀 속에 웅크리고 있던 쉐도우를 본 것을 기억해 냈다. 쉐도우는 떨고 있었고 심하게 말랐으나 수의사는 괜찮다고 했다.

우주는 그들에게 필요한 사건을 정확하게 연출했다. 만약 심령술사가 여성에게 쉐도우가 죽었다고 말하지 않았더라면, 그녀는 아마 완전하게 떠나보내는 법을 배울 수 없었을 것이다.

🐾

조앤은 강아지 보가 죽어 가는 과정 동안, 다루기 힘든 것은 보의 고통이 아니라 그녀 자신의 고통이었다는 것을 알게 되었다. 그녀가 말했다. "보는 제 안에 치료할 곳이 있다는 것을 비춰 주었어요. 내려놓아야 할 것은 보가 아니라 나 자신의 고통이었어요."

때로 동물들은 치명적인 병에 걸려 죽음 직전에 이르지만 놀랍게도 회복한다. 다른 경우, 동물의 신체는 심하게 나빠지지만 쇠약해진 상태로 버티기도 한다. 이러한 현상은 종종 반려인들이 그들을 떠나보낼 준비가 되지 않았기 때문이다. 동물들과 남은 마지막 시간은, 함께한 삶을 기리며 죽음을 받아들일 준비를 하는 데 충분하다.

동물이 죽기 전 시간 동안 배워야 할 심오한 교훈이 있다. 동물이 그들의 감정을 표현할 기회를 가질 때, 그리고 인간이 죽어 가는 동물과 함께한 사랑, 비탄, 고통, 무기력, 기쁨 등의 모든 감정들을 직면하고 수용할 기회를 가질 때, 모든 이들은 좀 더 쉽게 동물을 떠나보내며 평화롭게 마감할 수 있다. 그럼으로써 우리는 동물이 주고 가르친 것을 보며, 감정의 찌꺼기들을 놓아버리고, 진실로 마음을 열고 안도감으로 충만한 감사의 단계로 옮겨갈 수 있다. 이것은 우리가 떠나보내게 하며, 동물들이 평화와 사랑과 함께 죽음으로 안식할 수 있게 한다. 애니멀 커뮤니케이터들, 상담자와 친구들, 동물 안내자, 반려동물 그들 자신 그리고 우리의 직관적 소통 능력 모두 이러한 내려놓음의 과정을 돕는 데 일조한다.

동물이 원하는 때에 떠나는 것

당신이 열린 마음과 정신으로 관찰하거나 직접 물어본다면, 동물들은 죽기를 원하는지 아니면 계속 살고 싶은지 분명히 알려 준다.

애니멀 커뮤니케이터 바바라 쟈넬은 블루라는 30살의 암말에 대해 말한다. 암말은 어느 저녁 자신의 마구간으로 들어갔고, 말의 보호자와 수의사가 왔다. 말은 죽음의 문턱에 있는 것 같았다. 쟈넬은 블루의 곁에 무릎을 꿇고 앉아 말했다. "블루, 이제 분명한 신호가 필요해. 너 지금 죽기를 원하니?" 블루는 눈을 뜨고 자신의 보호자를 바라보았으며 스스로 일어섰다. 그리고 그 뒤로 몇 년을 더 살았다.

마르타 구스만은 그녀가 좋아하지 않던 고양이에게서 사랑에 굴복하는 것에 관해 배웠다.

나에게는 피티라는 오렌지 줄무늬 고양이가 있었고 그녀를 몹시 사랑했다. 피티가 5개월이 되었을 때, 나는 안젤라라는 흑백 단모종 고양이를 입양했다. 피티는 안젤라를 사랑했지만, 나는 그 고양이와 사이가 좋지 않아 거리를 두었다.

몇 년 뒤 안젤라는 심부전증 진단을 받았다. 나는 그 소식에 몹시 슬퍼하는 나 자신에 스스로 놀랐다. 나는 13개월 동안 피하수액을 투여했고, 안젤라는 그 처치로 그럭저럭 잘 지냈다. 이후 그녀의 상태는 매우 나빠졌다. 나는 그녀를 안락사시키기 위해 수의사에게 전화했지만, 상태가 갑자기 좋아지는 바람에 약속을 취소했다.

나는 안젤라와 내가 더 이상 서로 싸우지 않는다는 것을 깨달았다. 그리고 마침내 마음을 열고 그녀가 원하는 것을 경청할 수 있었다. 그녀는 자연스럽게 떠나고 싶어 했다. 우리는 애정 어린 3주를 함께 보냈고, 그동안 그녀는 매일 조금씩 약해져 갔다. 어느 날 모임이 끝나고 돌아왔을 때, 그녀는 자신의 침대 근처에서 평온히 잠들어 있었다. 우리는 마침내 화해했다. 나는 안젤라가 내게 사랑에 굴복하는 것에 대해 가르쳤음을 깨달았다.

도리스는 친구들과 수의사에게 고양이 파피를 안락사시키라는 조언을 받았다. 파피는 도리스가 손으로 먹여 주고, 대소변을 가려 주지 않고서는 기능할 수 없었다. 내가 파피와 대화했을 때, 그녀는 자연스럽게 떠나기를 원하며, 안락사하고 싶지는 않다고 했다. 그녀는 도리스의 돌봄에 대해 괜찮다고 했다. 도리스가 그것을 부담으로 여기지 않고 그녀를 존중하며 대했기 때문이다.

파피는 어느 날 도리스가 외출한 사이 평화롭게 세상을 떠났다. 나중에 그녀는 도리스가 걱정하게 하고 싶지 않아, 그녀가 없을 때 죽기로 선택했다고 말했다. 파피는 이전에 죽었던 도리스의 혈육들과 다른 반려동물들 그리고 자신의 친구였던 이들을 만난 것도 묘사해 주었다. 도리스역시 꿈에서 오래전에 죽은 엄마가 파피를 위해 그곳에 있다 했다고 내게 말했다.

이러한 영적 연결과 계시로 도리스는 무척 평화로워졌으며 신성한 관점을 더할 수 있었다. 이전에는 영적 현상에 대한 믿음과 체험이 없었다해도, 당신 역시 동물이 죽을 때 유사한 경험을 하게 되면 죽음으로의 여정이 훨씬 더 가벼워진다는 것을 발견하게 될 것이다. 이러한 가능성에눈을 뜨면, 다른 존재들과 더욱 연결되며 더 평화로워지게 될 것이다.

셰리의 늙은 말 맘바는 수술과 허브와 동종요법 치료를 했음에도 불구하고 암으로 죽어 가고 있었다. 먹거나 움직이는 것은 점점 더 버거워졌다. 셰리와 맘바는 서로 마지막 인사를 하고, 둘 다 수의사가 와서 죽음을 도와줄 때가 되었다는 데 동의했다.

맘바는 마구간의 사람들에게 인기가 있었고, 작별인사를 하고 싶다고부탁했다. 셰리는 맘바의 친구들이 와서 고별파티를 하도록 준비했고, 파티를 위해 특별히 바라는 게 있는지 물었다. 나와 대화하며 맘바는 파티

모자를 쓰고 당근 케이크를 먹는 영상을 보내왔다. 셰리는 크게 웃었다. 맘바가 이전의 생일파티 때마다 모자를 쓰고 당근 케이크를 먹었기 때문이다.

멋진 파티가 열렸고, 맘바의 멋졌던 삶에 대해 눈물과 따뜻함과 기쁨을 나누었다. 다음날, 수의사가 왔을 때 맘바는 준비되었고 주사를 맞기 위해 누웠다. 그녀는 자신이 살았던 방식대로 평화롭고 존엄하게 세상을 떠났다. 셰리는 자신의 말에게 죄책감이나 마음의 부담이 아닌 안도와 행복감을 느꼈다.

닐은 고양이 라쿠에게 특별한 애정이 있었다. 라쿠가 균형감각을 잃기 시작했을 때, 수의사는 고양이의 병을 말기로 진단하고 안락사시킬 것을 제안했다. 닐은 엄청나게 충격 받았다. 그가 무슨 일이 있었는지 전한다.

나는 애니멀 커뮤니케이터 발 하트와 상담했고, 그는 라쿠가 아직 떠날 때가 아니라고 했다고 전해 주었다. 봄은 너무나 풍성한 계절이며, 라쿠는 할 수 있는 한 오래 야외에 머물고 싶어 했다. 라쿠는 내 소동을 이해하지 못했고, 뒷마당에 자신이 즐겼던 몇 군데의 파워 스팟(power sopts)*을 경험하도록 나를 초대했다.

나는 풀밭에 누워 라쿠와 함께 시간을 보내며, 벌떡 일어나 일터로 가거나, 벌레들에게서 도망치려거나, 마음의 문제를 해결하고자 하는 욕구

---

* 영적인 기와 에너지가 느껴지는 곳. 즉 땅의 '정기'가 충만한 장소를 말한다.

를 잠재우려 애썼다. 라쿠는 내게 단지 '있음(be)'에 대해 가르치려 했다.

정서적 고비 동안 나는 몇 번 발과 의논했는데, 한 번은 라쿠를 안락사시키는 것에 관해서였다. 라쿠는 나의 염려를 고마워했지만, 안락사를 원하지는 않았다. 그녀는 삶의 이행 과정을 자연스럽게 경험하고 싶어 했다. 그리고 만약 고통이 너무 심하면 신호해 줄 것이라고 했다. 라쿠는 또한 발을 통해 나를 매우 많이 사랑하며, 자신은 더 좋은 곳으로 갈 것이며, 영혼은 계속된다고 전했다. 어느 오후, 내 시야에서 벗어나 그녀는 마치 미끄러지듯 떠나갔다. 나는 스승 라쿠에게서 참으로 많은 것을 배웠다는 것을 깨달았다. 우리가 만약 다른 종의 소리를 들을 수만 있다면, 얼마나 많은 인류애를 배울 수 있겠는가!

❧

캐서린의 닥스훈트 줄리아는 심한 척추 디스크를 앓았다. 그러나 줄리아는 죽고 싶어 하지 않았다. 다시 걷기까지 1년이 걸렸지만, 그녀는 여전히 활기찼다. 이전에 두 번이나 추간판 탈출증이 왔을 때 수의사는 안락사를 권했지만, 줄리아는 원하지 않았다.

사랑과 애정이 넘치는 줄리아는 내게 인간을 포함해서 여러 모습으로, 육체적 고통에도 불구하고 매번 그것을 넘어서 다른 이들에게 봉사했던 생애들을 떠올려 보였다. 그녀가 본보기를 통해 나누고자 했던 교훈은 고통은 생각하기 나름이며, 육체적 고통이 봉사하고 사랑하는 삶을 막을 수 없다는 것이었다. 이처럼 겸손하고 아름답고 앞선 존재를 만나는 것은 얼마나 큰 기쁨인가.

당신이 동물과의 대화를 이제 막 시작하고 있다면, 완전한 깊이의 대화를 할 수 없을 수도 있다. 그러나 동물들에게 함께 나눌 만한 심오한 지혜가 있다는 것을 알게 된다면, 그들이 주는 더 많은 것들을 발견할 가능성에 열려 가게 될 것이다.

☙

조앤은 그녀의 동물이 자기의 죽음을 주도하고, 다른 동물들이 멋지게 화답한 아름다운 사연을 전한다.

보와 애니는 한 배에서 태어난 라사 푸*견으로 11살이 되기까지 줄곧 우리와 함께 살았다. 가족의 일원으로 그들은 하이킹과 캠핑에도 동반했다. 애니는 항상 활력이 넘쳤지만, 보는 상당히 느려지기 시작했다. 수의사의 검사는 나의 텔레파시 감식과 일치했다. 보는 다수의 종양이 있었고 울혈성 심부전을 앓고 있었다. 엄청난 슬픔 속에서, 나는 보에게 어떻게 하면 그를 좀 더 편안하게 해 줄 수 있을지 물었다. 그는 고통 받고 있는가? 수술이나 약물치료가 필요한가? 그리고 가장 두려워하던 질문인, 이 비참함에서 놓여나고 싶은가? 나는 그에게 원하는 것은 무엇이든 들어줄 것이라고 했다.
항상 별로 말이 없던, 그야말로 '수컷'인 보는 통명스럽게 대답했다.
"나는 수의사에게 가지 않아요. 내가 알아서 할 거예요."

* Lhasa-poos : 푸들 혼혈견.

나는 매일 그를 무릎에 끌어안고 옛 기억들과 그의 악동 같았던 짓들을 반복해서 말하면서 회상했다. 내가 일터에서 돌아왔을 때, 2살배기 강아지였던 보와 애니가 전체 복도의 새 카펫을 그야말로 엉망으로 풀어 헤쳐 놓았던 지점에 이르러서는 정말 크게 폭소했다.

그의 호흡이 점점 힘겨워지자, 그의 가쁜 숨을 지켜보는 고통으로 내 모든 세포가 잠식되었다. 나는 오래된 질문을 조심스레 다시 꺼냈고, 그는 단호히 답했다. "아, 의사에게 안 간다고요!"

몇 주 후, 전남편 조와 나는 주말 휴가를 앞두고 금요일에 집에 와 있었다. 나는 보를 보며 말했다 "보, 나는 네가 고통 받는 것을 더는 지켜볼 수 없어. 네가 나를 좀 도와줘. 가슴이 무너져 내리는 것 같아. 나는 수의사에게 전화해서 너를 데려갈 거야."

그러나 이번에 그는 텔레파시로 응답하지 않았다. 그는 그저 다가와 내 다리를 핥았다. 그는 이 불가피함에 스스로 단념한 것 같았다. 동물들이 그러하듯이, 그는 무조건적인 사랑으로 나의 소망을 존중해 주었다. 나는 아침 9시에 수의사에게 전화했다. 그러나 주말이었기 때문에 마을에 없었다. 의사는 전화로 오후 3시까지는 올 수 없다고 알렸다.

테라스 입구에 서서 흐느끼며 나는 무너져 내렸다. 보는 온 힘을 모아, 내 얼굴을 핥고, 느릿느릿 밖으로 나가 유리 테라스 탁자 아래에 누웠다. 그 다음 얼마 안 되는 시간은 영원히 내 기억 속에 각인되었다.

보는 유리 테이블 아래 있었고, 나는 출입구에 앉아 있었다. 그때 우리의 커다란 회색 고양이 퍼지가 나타났다. 우리는 항상 그녀가 말이 없다고 생각했다. 퍼지는 보를 두려워하지 않았고, 이전에는 흥미

도 없어 보였다. 그녀에게 보는 그저 이따금 내 무릎에서 쫓아내야

하는 성가신 존재일 뿐이었다.

퍼지는 열린 문으로 걸어 나와, 내 옆에 자리를 잡고, 머리를 뒤로 젖

혀 30분 동안 쉬지 않고 길게 슬피 울었다. 처음으로 퍼지의 음성을

듣고, 우리의 반려동물 5마리가 모두 빠르게 모여들었다. 모두가 보

의 시간이 얼마 남지 않았다는 것을 알았다. 퍼지는 분명히 추모하

고 있었다. 그녀는 훌륭히 해내며, 보에 대해 존경하는 모든 것들을

열거했다. 그녀는 애리조나 피닉스의 섭씨 43도 열기에 보가 비틀거

리며 자신의 집에서 나와 마당의 가장 뜨거운 곳에 누워 태양을 흡

수했던 것에 얼마나 감탄했는지로 시작해서, 그가 잘생겼으며 특히

그의 털 색깔을 좋아한다고 했다. (털 색깔이 그녀와 똑같다.) 퍼지는 그

가 보여 준 존중에 대해서도 감사의 목청을 높였다. 보는 항상 그녀

의 공간을 존중했으며 절대 쫓지 않았기 때문이다. 무엇보다 그녀

는 내가 컴퓨터를 하는 동안 보가 무릎에 앉으려고 하지 않았던 점

에 행복해 했다. 그 자리는 그녀의 지정석이었다. 퍼지는 기억 속에

서 보의 모든 마지막 특성까지 긁어 모은 뒤 조용히 내 무릎에 웅크

리고 앉았다.

이 첫 개시와 함께 우리의 오렌지 줄무늬 할머니 고양이 스퀴커*가

테이블 위로 뛰어올라 두꺼운 유리를 통해 테이블 아래 보를 응시했

다. "여태껏 이런 연민을 가진 존재는 없었어." 그녀는 수년간 보가

가족들에게 충성스럽게 봉사한 데 감사해 하며 그를 사랑의 빛으로

에워쌌다. 그리고 보의 마지막 여정을 축복해 주었다.

---

* '수다쟁이'라는 뜻이 있다.

우리의 두 마리 야생 새끼 고양이 치토와 트위기는 서로 궁둥이를 단단히 맞대고 나란히 출입문을 통해 슬금슬금 다가와, 보에게서 안전거리를 유지했다. 보는 그들이 처음 집안에 들어온 순간부터 위협했다. 매우 민감한 야생성 때문에, 그들은 겁주기에 손쉬운 표적이 되었었다. 치토와 트위기는 말없이 몇 분간 앉아 있었다. 결국 트위기가 "어떤 좋은 말 할 게 없으면, 아무 말도 하지 마."라고 했고, 그들은 그저 자신들의 존재로 존중을 표하고는 쏜살같이 침실로 돌아가 숨었다.

보와 친남매인 애니는 말없이 앉아, 크고 슬픈 눈으로 사랑스럽게 그를 응시했다.

우리는 다음 몇 시간 동안 그가 얼마나 많이 사랑받았으며 소중했는지 전하며 함께했다. 내가 움직이려고 일어설 때마다, 보는 비틀거리며 일어나 따라왔다. 시계를 슬쩍 보고 나는 이제 때가 되었음을 알았다. 머리를 빗으며, 나는 거울에 비친 영상으로 그가 돌아서서 침실 밖으로 나가는 것을 보았다. 그리고 그것이 보가 걸어 나가는 것을 보는 마지막 순간임을 깨달았다. 빗을 떨어뜨리고, 나는 그를 따라갔다. 그는 복도의 자기 자리에 누웠다. 나는 전남편 조를 불렀고, 함께 보의 옆에 바닥에 누웠다. 애니도 앞발에 머리를 괴고 가까이 누웠다. 보는 사랑으로 내 눈을 응시하고, 깊은숨을 세 번 쉬고 나서 세상을 떠났다. 애니는 즉시 일어나, 단호히 그에게 걸어가 얼굴을 핥고, 돌아서서 나갔다. 그녀는 되돌아보지 않고 말했다 "와우! 보가 해냈어!"

나는 이제 보가 떠나기 위해 특별한 날을 선택했다는 것을 이해한다. 보는 주말을 맞아 우리 모두 집에 있을 것을 알았기 때문이다. 그는 가족들이 함께한 가운데 지치고 늙은 몸을 떠났다. 당시 우리는 그를 잃은 충격 속에 깊이 슬펐으나, 모두 함께 작별 인사를 하게 되어 말할 수 없이 행운이라 느꼈다. 보의 변천은 우리에게 주는 그의 마지막 선물이었다.

육체가 떠나지 못하고 버틸 때

지구의 삶은 거대한 재활용 센터와 같다. 종들은 계속 순환하는 몸의 에너지 교환을 통해 살고, 죽고, 그리고 다시 살아가도록 서로서로 돕는다. 우리의 영혼도 마찬가지다. 우리는 형태를 지니고, 우리가 선택한 삶의 목적대로 다양한 정도의 의식성으로, 희망컨대 최대한의 의식으로 살아간다. 그리고 내려놓고, 죽고, 다양한 간격으로 다른 차원에서 시간을 보내다가, 이러저러한 모습으로 육체를 지니고 다시 돌아온다.

어떤 존재들은 죽을 준비가 되어 있지만, 그들의 몸이 놓아주지 않는다. '생존'의 메시지가 모든 세포에 각인되어 있어, 육체는 영혼이 평화롭게 떠나도록 충분히 망가지지 않는다. 때로 영혼이 육체를 떠났거나, 수의사가 치명적인 주사를 놓았거나, 심지어 동물이 원할 때조차 몸은 반사적으로 반응하며 세포의 기능을 수행하기 위해 투쟁한다. 이럴 경우, 동물이 죽도록 조력한 데 확신을 갖지 못한 사람들은 지켜보며 특히 혼란스러울 수 있다.

노령의 고양이 조지는 자신이 너무 약해져서 먹지 못할 때, 억지로 먹게 되거나 더 많은 약물 치료를 받지 않게 해 달라고 부탁했다. 그는 마지막 며칠 동안 반려인과 함께 있기를 원했다. 그는 내게 자신은 괜찮으며 많이 움직이지만 않으면 고통스럽지 않다고 반려인들에게 전해 달라고 했다. 그는 자연스럽게 떠나기를 원했으며 그 시간이 임박했다고 느꼈다.

반려인들은 조지와 많은 시간을 보내며, 그들이 얼마나 그를 사랑하고 감사해 하는지 전한 뒤, 기꺼이 그를 떠나보낼 준비가 되었다. 그러나 나흘 뒤에도 조지는 훨씬 더 약해졌지만, 여전히 살아 있었다. 모두가 놀랐다. 육체는 때로 그런 식으로 지탱한다. 반려인들은 조지에게, 수의사가 변천을 좀 더 수월하게 해 주어도 괜찮은지 물어보았다. 조지는 곰곰이 생각하더니, 자신이 이동만 하지 않으면 괜찮다고 했다. 결국 수의사가 집으로 왔고, 조지는 평화롭게 세상을 떠났다.

파멜라는 노령의 말 차코가 극도로 고통스러워해 안락사가 예정되었을 때 내게 전화했다. 그녀는 차코가 안락사에 대해 괜찮아 하는지 확실히 알고 싶어 했다. 차코는 내게 자신의 몸은 더 이상 쓸모없다고 전해 왔다. 그녀는 발의 고통이 극심해 움직일 수 없었고, 떠나는 데 도움을 받기 원했다. 이후 파멜라는 다음과 같이 내게 적어 보냈다.

우리가 전화하고 나서 15분이 지나기 전에 차코는 안락사했어요. 오늘 아침, 개와 해변에서 산책할 때 차코의 존재를 느꼈어요. 우리는 다시 한 번 바람 속을 달렸어요. ─그녀는 콧바람을 불었고, 차코의 갈기가 얼굴에 불어올 때, 나는 그녀의 목을 어루만졌어요. 아주 기분이 좋았답니다.

신비한 예지

　우리는 예지몽이나 비전 혹은 신비한 체험을 하기도 하는데, 그것이
동물의 죽음을 준비하고 극복하는 데 도움이 되기도 한다. 애니멀 커뮤
니케이터 캐시는 불가사의한 일을 겪었는데, 그것이 개의 '우발적' 죽음
을 막고, 이후 개의 죽음을 준비하는 데도 도움이 되었다.

　어느 오후, 내 케이스혼드* KC(Kite Chaser라는 이름의 줄임말)는 친구
다코타와 놀려고 흥분해서 도로를 건너고 있었다. 곁눈질로 나는 흰
차가 동네를 돌고 있는 것을 보았다. 운전자는 분양 예정인 주택을
보고 있는 것 같았다.
　KC가 도로로 향할 때, 한 편의 영화가 내 마음의 눈으로 펼쳐졌다.
흰 차가 KC에게로 달려와 쳤고, KC는 죽어서 도로에 누워 있었다.
나는 소름 끼치는 비명을 질렀다.
　그 순간 KC는 실제로 도로에 있었다. 내가 비명을 질렀을 때 KC는
즉시 돌아서서 내게로 달려왔다. 그는 털끝 하나 다치지 않았다. 우
리 둘 다 안도하면서도 당황했고, 내가 만약 그 상상의 장면을 체험
하고 비명을 지르지 않았다면, KC는 바로 내 눈앞에서 죽었을 것이
라 느껴졌다.
　그날 오후 늦게 이웃에서 돌아온 뒤, 나는 커다란 잠자리가 놀라울
정도로 온전한 상태로 현관문 앞에 죽어 있는 것을 보았다. 잠자리
는 일종의 '전조' 같았다. 나는 조심히 사체를 집어 안으로 가져왔다.

---

* Keeshond : 털이 길며, 밝고 쾌활하고 사교적이다.

잠자리는 그날의 사건과 관련해서 어떤 깊은 중요성이 있는 것 같았다. 그러나 몇 주가 지나도 어떻게 그럴 수 있는지 이해되지 않았다. 나는 페넬로페에게 KC의 죽음을 예견했던 그 영상과 잠자리의 모습에 대해 말했다. 그것이 우연의 일치 이상의 의미가 있는 것 같았기 때문이다. 페넬로페는 좀 더 깊이 설명해 주었다.

"우리가 살아가는 이 물리적 현실의 견고함은 환상입니다. 실제로 우리는 수많은 격자로 된 현실 속에서 살아가고 있어요. 그리고 그것들은 동시에 일어납니다. 대개 우리는 그것들이 서로 교차할 때까지 다른 현실이나 차원들을 인식하지 못해요. 한 사람이 그 순간 일어나는 사건에 어떻게 반응하는지가 앞으로 전개될 일들에 영향을 미칩니다. 당신의 비명이 순식간에 현실을 변화시켰고, KC는 이 물리적인 현실에 좀 더 머무를 수 있게 된 거예요. 그 잠자리가 자원해서 대신 죽었고, 그로 인해 KC는 좀 더 오래 살 수 있게 된 것입니다."

몇 달 뒤 KC는 건강이 좋지 못한 징후를 보이기 시작했다. 수의사는 "종양이 대동맥 주변을 덮었어요. 암입니다. 죽을 가망이 큽니다."라고 선언했다. 수의사는 KC가 수술을 받을 수는 있으나 종양의 위치 때문에 예후는 좋지 않다고 했다. 화학요법과 방사능 치료 역시 같은 이유로 좋은 선택이 될 수 없었다. 그러는 사이 종양이 심장에서 나오는 혈액순환을 차단해 그의 폐는 빠르게 수액으로 차올랐다.

나는 KC를 잃는다는 생각에 공포에 휩싸였다. 우리는 폐액을 제거하기 위해 가슴관삽입을 시행했다. 그러나 수의사는 폐에 물이 다시 차오를 것이며, 그 시기가 빠를수록 KC에게는 더 나쁜 상황이 될 것이라고 경고했다. 남편 조지와 나는 도움이 될 만한 대안 치료를 찾으려 허둥댔으나, 이미 KC의 시간은 다되어 가고 있었다. 우리는 가능한 KC와 많은 시간을 보내며, 조용히 산책하고, 그가 가장 좋아하던 장소에서 함께했다.

그가 폐액으로 고통스럽게 죽을 것이기 때문에, 우리는 결국 안락사시키기로 결정했다. 그날은 내 인생에서 가장 슬프고 힘든 날이었다. KC는 저항하며 방에서 빠져나오려 했고, 나는 그를 꼭 껴안고 사랑한다고 말했다. 그러자 그의 영혼은 육체에서 해방되었다.

죽음을 준비할 시간이 있었음에도 정서적 상실감은 엄청났다. 3개월 동안 나는 KC의 죽음을 사람들에게 알릴 수 없었다. 쇼크 상태였고, 그가 곁에 없는 것이 너무 상처가 되었기 때문이다. 우리는 9년간 정서적으로 너무 많이 뒤얽혀 있었기 때문에, 그가 없이 나는 과연 누구인지 생각해 보아야 했다.

죽은 지 몇 달이 지나, KC는 우리에게 사랑스러운 새끼 고양이 두 마리를 보냈고, 그들이 내 고통을 덜어 주어 고마웠다. 1년 뒤에는 또다른 케이스혼드 코베가 우리에게 왔다. 나는 코베 역시 KC로부터의 특별한 선물이라고 느꼈다.

나는 KC의 죽음을 준비할 수 있도록 몇 달의 시간을 준, 그 잠자리에게도 고마움을 간직했다.

동물의 죽음을 둘러싼 상황은 복합적이며, 의미로 가득 차고, 많은 배울 것들을 제시한다. 내면의 직관력을 개발하여, 우리는 동물들과의 여정에 대해 풍부한 깨달음을 얻는 방법을 배울 수 있다. 그것은 심지어 죽음으로까지 우리가 영적으로 진화하게 한다. 당신의 동물들에게 연결의 신호를 물어보고, 놀라운 방식으로 오는 신호들에 열려 있어라. 다음의 이야기에서 예시될 것이다.

  KC라는 또 다른 동물은 모긴과 제리의 반려묘였는데, 세상을 떠날 때 특별한 신호와 영적 선물을 주었다. 그녀의 죽음은 모긴과 제리를 축복으로 충만하게 했다. 모긴이 이야기를 전한다.

  19살 고양이 KC가 세상을 떠날 준비가 되어 도움을 요청하자 우리는 그녀를 수의사 도나의 사무실로 데려갔다. 18개월 전쯤 KC의 콩팥 기능이 저하되었고, 갑상선에 방사능 치료가 필요하다는 말을 들었다. 그러나 KC는 수의학 치료를 원하지 않았다. 우리는 그저 부드러운 치유 작업을 해 주었고, 그 시기 동안 그녀는 행복하고 평화로웠다.

  도나의 사무실에서, 우리는 빨간 수건을 깔고, 붉은 하트 모양의 양초를 켜고, 크리스마스 화환에서 붉은 겨우살이 관목 등을 조금 꺼내어 KC가 요구한 대로 제단을 만들었다. 우리는 그녀가 원하는 노래도 틀었다. 수의사 도나는 KC의 갑상선이 비대해지고 콩팥이 극도로 연약해진 걸 알았다. KC는 심한 고통을 겪기 시작했고, 떠나는 데 도움을 받길 원했다.

  먼저 도나는 KC를 진정시키기 위해 마취제를 투여했다. 제리는 잠시 바깥으로 나가 있었고, 나는 KC를 안고 있었다. 도나가 마취제를 놓는 동안 우리는 그녀가 몸을 떠나며 기뻐 외치는 소리를 들었다. "자유다! 너무나 좋아요!" 그녀는 몸에서 벗어나는 게 얼마나 행복한지 계속해서 전해 왔다. 도나와 나는 미소 지었다.

  KC가 육체를 떠날 때, 밖에 있었던 제리는 하늘에서 둥근 무지개를 보았다. 마지막 주사와 함께, 나는 KC가 더 이상 육체에 있지 않은 것을 느낄 수 있었다. 그러나 방은 그녀의 영혼으로 가득 찼다. 나는 그 순간 KC를 그리워하지 않았다. 내 주변의 모든 곳에서 그 존재를 느꼈고, 그녀가 우리와 항상 함께할 것이라는 걸 알았기 때문이다.

4장
동물의 선택과 목적 : 동물도 때로 스스로 죽음을 선택한다

스승은 반려동물의 형태로, 급격한 영적 확장의 시기 동안 사람들을 돕는다. 이들은 종종 특별한 이유로 육화하며 그들의 임무가 완성되면 떠나간다. 내 고양이 쇼지는 내가 질병과 죽음의 시간을 겪으며 세상으로의 방향을 재설정하도록 도왔다. 그는 자신이 해야 할 일을 완수했고, 이제 그가 떠나갈 시간이 왔다.

– 샤론 캘러핸

많은 동물들은 언제, 어디서, 어떻게 죽을지 의식적으로 선택한다. 그들이 죽는 방법은 대개 그들 삶의 역할이나 목적과 관련이 있다. 사람들은 동물의 죽음과 관련된 사고가 비극이라고 생각하지만 실제로 그것은 삶의 저편인, 영혼의 영역에서의 부름에 의한 동물의 자발적 선택일지도 모른다. 동물의 죽음, 특히 갑작스럽거나 예기치 못한 죽음을 이해하기 위해 그들 삶의 전체 설계와 목적을 이해하고, 무슨 일이 있었는지 사후에 접촉하는 것은 엄청난 도움이 된다.

어떤 동물들은 떠나가는 시기와 이유에 대해 구체적이며 분명하다. 그러나 또 다른 동물들은 죽음의 전체 과정에 대해 확신하지 못하며, 그들이 떠나갈 때인지에 대해서도 불분명하다. 죽음에 대한 동물의 태도는, 그들이 죽을 때 주변 사람들의 두려움과 행동에 영향을 받는다. 죽어 가는 과정과 죽음 이후, 반려인과 그들의 동물을 상담함으로써 너무나 많은 것들을 이해할 수 있다. 대화와 연결은 혼란과 죄책감과 깊은 상실의 고통을 덜어 줄 것이다.

인간의 기대와 믿음

나는 동물들이 죽은 이후, 다양한 종류의 많은 동물과 대화해 달라는 요청을 받는다. 우리의 종교와 철학적 전통에서는 존재가 육체에서 영혼으로 이행할 때 특정한 경로나 왕국이 드러날 것이라고 가르쳐 왔다. 그러나 나는 각각의 존재마다 개별적인 경험을 한다는 것을 발견한다. 비록 사후에 공통적인 경험이 있다 해도, 각 존재의 삶의 선택과 기대에 따라 훨씬 더 많은 고유함이 존재한다.

헤럴드와 미스티는 최근 집 앞에서 차에 치여 죽은 파라오하운드* 파라에 대해 알아보기 위해 내게 전화했다. 내가 파라와 접촉했을 때, 그녀의 영혼은 자유롭고 기쁘다고 했다. 파라가 차 앞으로 뛰어들었을 때, 그녀는 말 그대로 몸을 다 소진했다. 죽음은 순식간이었다. 파라는 충돌 직전 바로 몸을 떠났고, 어떤 고통이나 후회도 느끼지 않았다. 그녀는 개로써 단지 짧은 시간만 이곳에 머물도록 예정되었다고 했다. 그녀의 목적은 사람들에게 마법과 기쁨과 빛을 전해 주는 것이었으며, 자신의 임무를 모두 이루었다고 느꼈다.

미스티는 슬펐지만 파라와 접촉하기를 갈망했고 무슨 일이 있었는지 이해하게 되었다. 한편, 헤럴드는 더 힘든 시간을 보냈다. 그는 화가 났다. 그의 종교철학 선생이 개는 인간에게 종속되어 있고 그들의 삶의 목적은 주인에게 복종하는 법을 배우는 것이라 했는데, 헤럴드가 생각하기에 파라는 교훈을 배운 것 같지 않았다. 그녀가 그의 말을 듣지 않고 길로 뛰어들었기 때문이다. 그래서 그는 파라가 개로 다시 환생해야 할 것이라 여겼다.

내가 파라에게 이 말을 전하자, 그녀는 영혼으로써 자신의 자유로움과 빛과 행복과 따스함을 헤럴드와 미스티에게 전해 달라고 부탁했다. 그녀는 실로 현명하고 완벽하며 아름다웠다.

개별 존재들의 삶과 목적과 사후의 경험을 보는 단 한 가지 방법이란 없다. 영혼의 상태로 우리는 무한한 다양성을 창조하고 체험할 수 있기 때문이다. 영적 경험은 위계적이고 깔끔하게 구획된 틀을 추구하는 인간에게 맞추어 분류될 수 없다.

* 고대 이집트에서 유래한 세계적으로 희귀 품종. 근육질의 단단하고 날렵한 몸을 지녔다.

내게는 P.J라는 밴텀 닭**이 있었다. 그녀는 무리와 함께 있기 좋아하는 여느 닭과 달리, 내 무릎에 앉아 꼭 안겨 있기를 좋아했다. 밴텀 수탉들은 폭신한 까만 날개와 깃털 달린 다리를 지닌 그녀를 몹시 매력적이라고 여겼다. 그러나 P.J는 다른 암탉들과 달리 수탉의 구애와 짝짓는 행위를 몹시 불쾌해했다.

어느 날, 그녀는 내게 더 이상 다른 닭들처럼 되고 싶지 않다고 했다. 그녀는 집에서 나와 함께 살며, 내 무릎에 앉는 반려동물이 되고 싶어 했다. 그러나 바닥과 가구에 닭의 똥들이 떨어져 있는 것은 내가 생각하는 이상적인 집의 모양새가 아니었다. 그래서 나는 그녀의 소망을 다른 타협으로 도모해 보려 애썼다. 그러나 그녀는 만족하지 않았고, 집에서 나와 살기 위해 다른 동물이 될 것이라고 했다. 얼마 후 그녀는 시름시름 앓기 시작했으며, 어떤 치료도 거부하고 죽었다.

결국 P.J는 소망을 이루었다. 그녀는 죽은 지 얼마 후 나에게 접촉하여 언제 어디에서 자신을 찾을 수 있는지 알려 주었다. 그녀는 집에서 나와 함께 살 수 있도록, 꼭 껴안고 싶은 작은 햄스터가 되었다.

동물의 분명함 그리고 인간의 양가감정

사람들은 동물이 어릴 때 죽으면 그들의 생이 헛되이 끝나 버렸거나, 자

** Bantam : 일반 닭에 비해 크기가 작은 소형 닭.

신이 동물을 충분히 잘 돌보지 못했기 때문이라 느끼며 힘들어 한다. 나는 동물의 몸으로 육화하여, 사람들에게 폭발적인 사랑과 빛을 가져오며 영혼으로 연결되었으나, 일종의 시간표를 가지고 있어서 제한된 수명을 다하고 나면 영혼의 고향으로 되돌아가야 하는 많은 놀라운 존재들과 대화해 왔다.

사시는 6개월 된 새끼 고양이였는데, 차에 치였고, 주인은 엄청난 슬픔에 잠겼다. 내가 사시와 접촉했을 때, 그는 즐거움으로 충만해 보였다. 그는 살아 있었을 때 이리저리 빠르게 질주했다고 했다. 매우 떨리는 몸 상태로 인해 그야말로 가만히 있을 수가 없었기 때문이다. 그가 고양이였을 때 모습을 묘사하자 반려인은 동의하며 껄껄 웃었다. 그는 떠나야만 했고, 그래서 차 앞으로 뛰어들었고, 자신의 몸에서 즉시 튀어 나갔다. 그러는 동안에도 그는 반려 가족에게 아낌없이 축복을 쏟아부었다.

많은 사람들이 사시와 같이 천사 같은 존재들에게서 환희를 느낀다. 이 동물들은 훌륭하며, 사람들이 그들에게서 얻기 원하는 너무나 많은 사랑과 평화와 빛을 가져온다. 이와 같은 존재가 당신의 삶으로 들어올 때, 그 축복을 소중히 여겨라. 당신은 제대로 해야 한다. 그들의 존재에 감사하며, 그들이 주는 지혜를 받아들여라. 그들은 자기들의 목적에 따라 짧거나 길게 머물 수 있다. 그들을 존중하고, 떠나보내며, 항상 영혼으로 연결되어 있음을 깨닫기 바란다.

애니멀 커뮤니케이터 수 베커는, 고객이 구조한 새끼 고양이 매기가 죽어 가는 과정에서 도움을 제공하는 동안, 동물의 선택과 목적에 관해 많은 것을 배우게 되었다.

매기는 무기력해졌고 배가 약간 부풀어 올랐는데, 그것은 새끼 고양이들에게 치명적인 고양이 전염성 복막염(FIP)이 진행되고 있다는 걸 의미했다. 처음에 수의사는 FIP라고 의심하지 않았다. 매기의 증상이 그 병과 일치하지 않았기 때문이다. 나도 FIP인지 확인하기 위해 근력검사를 했지만 음성 반응이 나왔고, 우리는 모두 환호했다. 그러나 시간이 지날수록 매기의 증세는 분명해졌고, 수의사는 결국 최악의 FIP 사례로 확정지었다. 나는 매기에게 그 병이 무슨 의미인지 물어보았다.

"나는 교훈을 가져다줘요. 짧은 삶 동안 많은 사람과 동물에게 영향을 주었죠. 인내와 떠나보냄을 배울 기회를 주고, 다른 이들에게 즐거움과 기쁨을 전해 줍니다. 짧은 생은 힘겹고 고통스럽지만, 고통은 일시적이며 혜택은 큽니다. 나는 이번 생의 상황을 받아들이고 눈을 감는 것만큼 빠르게 떠나가요. 그 과정의 단순함을 이해하는 것이, 어떤 사람들에게는 더 어려울 수 있겠지요. 내 육체는 버려져도 나는 빛의 존재로 살아남습니다."

"그러나 네 몸은 너무 아름다워."

매기가 대답했다.

"당신이 제 육체라고 보고 믿는 것은 실은 제 진정한 존재의 아름다움이에요. 이제 떠날 시간이고 그것은 제 선택입니다. 내 짧은 생은 육체적 삶의 덧없음을 반영합니다. 인간의 최대 수명도 영원성의 관점에서 보면, 제 삶이 당신에게 그렇게 보이는 것만큼 짧아요. 그러나 그 짧은 시간 동안, 굉장히 배울 것이 많고 진화가 일어날 수 있습니다. 고양이로서 나는 사람들에게 그 과정을 가르치고 보여 줍니다. 저는 그렇게 할 수 있어서 영광이에요."

매기는 반려인이 자신을 떠나보낼 준비가 되자, 죽는 데 도움을 부탁했다. 매기는 다음의 메시지를 전해 달라고 했다.

"그들에게 슬퍼하지 말라고 전해 주세요. 저는 자유로워지는 거예요. 저는 제 경험을 통제할 수 있어요. 그 상황은 저의 선택이었고, 저항이나 갈등은 전혀 없었어요. 그들에게도 저항이나 갈등이 없다면, 그들의 빛은 내 빛보다 더 밝을 겁니다. 내 육체가 떠난 뒤에도 그들이 원할 때면 언제든지 연결될 수 있다고 전해 주세요. 저는 항상 닿을 수 있습니다. 그들에게 진심으로 제가 행복한지 물어봐 달라고 전해 주세요. 그러면 그들은 알게 될 거예요. 저는 그들의 친절과 아량과 사랑에 감사드립니다. 그것이 저의 여정을 좀 더 쉽게 해 주었어요. 우리는 연결되어 있고, 그들이 항상 깨닫지는 못한다 해도, 그 결속은 절대 깨어지지 않아요. 결국, 우리는 모두 서로의 일부이니까요. 그들에게 우리가 '하나'임을 일깨워 주세요."

나는 매기에게, 왜 내가 했던 근육 검사에서 FIP가 아니라고 나왔는지 물어보았다.

"당신의 기술은 신뢰할 만합니다. 그 반응은 실제로는 정확하지 않았지만, 그때의 당신에게는 적절한 것이었어요. 그것으로 인해 당신은 당면한 과제를 계속할 수 있었고, 제 반려인 역시 마찬가지였으니까요. 사실 가슴 깊이 당신은 그것이 FIP라는 것을 알고 있었어요. 그러나 수의사의 영향과 당신의 희망으로 스스로 흔들렸고, 당신의 기쁨이 뒷받침해 주는 결과가 되었지요. 때로 초연한 견해가 필요합니다."

앞의 예에서 보듯이, 숙련된 애니멀 커뮤니케이터조차 특정 결과를 소망하며 인식이 흐려지면 정확한 정보를 얻는 데 실수할 수 있다. 동물과 대화하고자 연습할 때, 일어나는 일들에 대해 선입견을 보류하도록 최선을 다하라. 종종 동물에게서 오는 진정한 소통의 신호는 놀랍고, 당신의 생각과 일치하지 않는다. 개별 동물들은 그들 자신만의 존재 이유를 가지고 고유한 방식으로 생각하고, 느끼고, 인지한다. 동물과 소통하는 매 순간은 또 다른 문화에 대한 엄청난 발견이 될 것이다.

나는 미스터B라는 멋진 뉴펀들랜드 개와 상담했다. 그는 상당히 아팠다. 호흡이 힘들었고, 움직이기도 버거웠다. 수의사는 '발달성 고관절 이형성증'이라고 진단했다. 미스터B는 영적으로 진화된 존재였고, 정확하게 자신이 무엇을 하고 있는지 알았다. 그는 애정으로 반려인 캐서린을 인도했다. 그는 내게 떠날 준비가 되었고, 아마도 며칠 내일 것으로 느껴진다고 했다. 미스터B와 캐서린 둘 다 상담 후에 다소 에너지를 회복했고, 미스터B는 수의사로부터 고관절 감염증 치료를 받고 어느 정도 다시 걸을 수도 있게 되었다.

한 달 뒤, 캐서린은 나의 기초강좌 「동물과 대화하는 방법」에 참석하기로 계획했다. 그러나 강의 전날 밤 전화로 미스터B가 이곳까지 올 수 있는지 확신이 서지 않는다고 했다.

그녀와 전화한 뒤 나는 미스터B가 올 수 있을 것이라 느꼈다.

캐서린이 크고 아픈 개를 천천히 차 안으로 옮기는 데는 시간이 많이 걸렸다. 강의 장소에 도착했을 때 미스터B는 다른 개들과 사람들이 야외 수업을 위해 모여 있는 곳까지 올 수 없어서 차 근처에서 약간 떨어진 풀밭에 누웠다.

실습하는 동안, 몇몇 참가자들이 미스터B의 영적 상태를 감지하고 대화했다. 몇 시간 뒤 그는 세상을 떠났다. 그것은 모두에게 심오한 경험이었다. 우리 가운데 몇몇은 그의 영혼이 이 상서로운 시간에 떠나게 되어 무척 기뻐한다는 것을 감지했다.

캐서린은 죽은 개의 곁에 조용히 앉았고, 우리 나머지는 수업을 계속했다. 참여한 다른 개들도 죽음에 동요하지 않았고, 그는 영혼이 되어 강좌에 참여했으며, 캐서린도 나중에 합류했다.

미스터B의 예에서 보듯이, 떠나가는 동물의 영혼과 조율할 때, 우리는 죽음에 대한 우리 자신의 반응에 놀라게 될 수 있다. 죽음은 비극적인 경험이 아니라 관련된 모든 이들에게 엄청난 영적 환희가 될 수 있기 때문이다.

카리나는 독일에서 나와 함께 훈련한 애니멀 커뮤니케이터인데, 아프라라는 암컷 저먼 셰퍼드가 있었다. 다음의 예는 동물이 다가올 죽음에 대해 미리 알려 준다 해도, 그것이 여전히 얼마나 충격적이며 받아들이기 힘들 수 있는지 보여 준다.

아프라는 승마하는 동안 나와 동행했다. 그녀는 자신의 신체에 자부

심이 있었고, 사람들은 항상 그녀가 실제보다 훨씬 더 젊다고 생각했다. 내가 애니멀 커뮤니케이터로 일하기 시작할 무렵, 아프라는 자신은 절대로 늙고, 아픈 개가 되지 않겠다고 했다. 그녀는 더 이상 제대로 활동할 수 없는 때가 오면 세상을 떠날 것이라고 단호히 말했다. 그녀는 내게 자동차 사고의 이미지를 보내 왔다.

아프라가 늙어 가면서 나는 죽음에 대해 그녀가 말한 것을 잊으려고 애썼다. 그녀는 11살이 되자 계단을 오르기 힘들어했고, 누군가가 뒷다리를 받쳐 주지 않고서는 차로 점프할 수도 없었다. 그녀는 여전히 산책을 즐겼지만, 관절을 앓았기 때문에 좀 더 긴 승마에는 동행하지 못했다. 그럼에도 그녀는 여전히 훨씬 젊어 보였다.

2004년 9월 7일, 아프라가 선택한 신성한 계획이 펼쳐졌다. 내가 말들을 목초지로 이끌 때면 대개 아프라는 바로 뒤따라온다. 그러나 이번에는 달랐다. 나는 차가 매우 빠르게 다가오는 소리를 들었고, 뒤를 돌아보았더니 아프라가 도로를 향해 가고 있었다. 소스라치게 놀라 불렀으나, 그녀는 단지 '지금이야!' 하는 듯한 표정을 지어 보였다.

젊은 남자가 차를 너무 빠르게 운전해서 아프라는 그 자리에서 죽었다. 그녀는 전혀 고통 받지 않았지만, 나에게는 참으로 끔찍한 순간이었다. 말들을 이끌고 다시 목초지로 데려가야 했으나, 나는 충격 받아 울음이 터졌고, 몸 전체가 떨렸다. 그때 아프라에게서 이제 원하는 것을 얻었다는 메시지가 왔다. 그녀는 자신이 선택한 운명을 이루었다.

아프라가 없는 첫 여름 동안, 나는 마침내 그녀에게 작별 인사를 할 수 있게 되었다. 나는 작은 호숫가로 갔다. 우리는 종종 수영하러 그곳으로 갔고, 근처 숲에서 심오한 교감을 나누었다. 나는 아프라를 그리워하며 그녀가 내게 주고 가르친 모든 것에 깊이 감사했다.

🐾

때로 동물들이 죽을 때, 그들이 분명히 떠나기로 했을 때조차 남겨진 인간과 다른 동물들에게는 혼란이 될 수 있다. 그들이 영적으로 서로 교감한다 해도 마찬가지다.

10살짜리 테리어견 반조는 가족의 수영장에서 익사했다. 그 뒤 반려인 다이아나가 내게 전화했다. 반조와의 접촉은 놀라운 경험이었다. 반조는 수영장 저편에서 큰 타원형의 빛을 보았다고 했다. 그는 몇 주 동안 짧은 순간에 계속해서 그 빛을 보았다. 죽던 날 밤, 그는 풀장 저편에서 자신을 부른다고 느꼈고, 그 빛을 따라가야 한다는 것을 알았다. 풀장 속으로 몸이 빠져들 때도 거의 알아차리지 못했다. 몇 초간 고통이 있었지만, 그는 몸에서 벗어났고 영혼이 되어서도 계속 빛을 향해 걸어갔다.

내게는 반조가 다른 빛의 존재들에게 둘러싸인 천사의 현존처럼 보였다. 그는 지상의 가족들에게 빛과 따스함을 보내고 있었다. 그는 이 상태를 반려견으로서 자기 역할의 연속이라 느꼈다. 다이아나는 반조를 항상 천사라고 느껴 왔다고 했다.

가족의 암컷 테리어견 리사에게 반조의 죽음은 혼란스러웠다. 반조가 살아 있을 때 그는 가족의 수호견이었고 그야말로 '스타'였다. 그는 죽은 후 리사와 대화하며, 가족을 보살피라고 했다. 그러나 리사는 내게 방법을 모르겠다고 했다. 그것은 반조의 일이었기 때문이다. 나는 반려인들에게 그녀를 훌륭한 동료로 인정하고, 가족 내에서 편안하게 그 역할을 행하도록 하며, 그녀에게 가족의 보장과 승인을 얻었음을 알려 주라고 조언했다.

생명의 순환

동물이 생을 살고 죽음을 선택하는 방식은 주변 사람들에게 심오한 변화를 일으키며, 그들을 영적으로 엄청나게 고양할 수 있다. 수 호플은 동물과 대화하는 방법을 배우기 시작할 무렵, 그녀의 고양이와 코요테가 어떻게 위대한 생명의 순환에 대해 가르쳤는지 전한다.

나의 11살 된 커다란 흑백 얼룩 고양이 오스카는 어린 시절 겪은 부상으로 엉덩이와 무릎에 심한 관절염이 있었다. 그는 다리를 절었다. 나는 다양한 약물 치료와 자연 치유를 시도하여 그의 고통을 덜어 주고 좀 더 잘 움직일 수 있도록 도왔다. 처음에는 일부 방법이 효과가 있는 것 같았다. 그러나 시간이 갈수록 우리는 점차 치료에 지쳐갔다. 나는 오스카가 극도로 약해진 것을 알고, 집에 고양이 변기를 설치했다. 그가 더 이상 고양이 출입문을 통과하거나 침대로 올라갈 수 없었기 때문이다.

나는 오스카가 죽음을 준비하고 있다는 걸 가슴 깊이 느꼈고, 우리가 함께하는 매 순간을 소중히 했다. 마침내, 만약 그가 떠나고 싶다면 나는 괜찮다고 말해야 할 시간이 왔다. 그를 꼭 껴안고 말했을 때, 몸 전체로 그의 가르랑거리는 진동이 전해졌다. 나는 다음 날 아침 일어날 일에 대해서 꿈도 꾸지 못한 채 편안히 잠자리에 들었다.

새벽 5시 30분경, 4마리 반려견 가운데 하나인 스냅이 짖어 댔다. 우리는 6,000평이 넘는 땅이 있는데, 제일 꼭대기 약 2,500평에는 개들이 뛰쳐나가거나 야생동물이 들어오지 못하도록 기어오르기 방지용 울타리가 쳐져 있다. 이날 아침은 모든 것이 다르게 느껴졌다.

나는 테라스에 나가 사유지를 내려다보았다. 그때 울타리 바로 맞은편에 연회색의 코요테 한 마리가 있었다. 그는 나를 올려다보며 눈에 띄게 절뚝거리면서 넓은 관목 숲 주변을 돌았다. 순간 '검은 고양이'라는 단어가 뇌리에 스쳤다.

그 코요테를 본 순간에, 엄마 사슴과 그 뒤를 바짝 쫓는 새끼 사슴 두 마리가 들판을 가로질러 서쪽으로 달려갔다. 나는 즉시 생각했다. '오, 새로운 시작과 탄생의 신호!'

집으로 돌아올 때, 코요테가 마당의 다른 쪽에 또다시 나타났다. 나는 생각했다. '너무 이상한데? 왜 이곳을 떠나지 않지?' 코요테는 꿰뚫는 듯한 눈으로 나를 똑바로 보았다. 그리고 계속해서 절뚝거리며 멀어져 갔다. 그는 나에게 무언가를 말하려고 하거나, 계략이 있는 것 같았다.

그 다음 1시간 동안, 말에게 먹이를 주고 아침 일과를 처리하는 동안 코요테가 울타리 주변에 다시 나타났다. 오스카의 이름이 여러 번 떠올랐지만 나는 애써 그 생각을 제쳐두었다. 반려견 스냅이 대문 뒤 진입 차로 끝에 있는 코요테를 향해 다시 짖어 댈 때, 나는 결국 코요테를 만나 보기 위해 밖으로 나갔다. 코요테는 거리를 가로질러 넓은 풀밭으로 달렸고, 머리를 숙여 무언가를 끌어당겼다. 심장이 덜컥 내려앉았다. 그가 무언가를 먹고 있었기 때문이다. 나는 소리를 질렀고 그는 들판으로 도망갔다. 나는 코요테를 쫓아 그가 몸을 숙이고 있었던 장소에 멈췄다. 바로 거기 오스카가 누워 있었다. 목은 부러졌고, 가슴 일부는 뜯겨 나갔다.

슬픔과 불신으로 심장이 덜컥 내려앉았다. "어떻게 이런 일이 일어날 수 있지?" 나는 오스카가 떠나고 싶어 한다는 건 알았지만 이런 식일 거라고는 전혀 예상치 못했다. 고통과 슬픔의 비명이 흘러나왔다. 오스카의 모습에 상처 받은 남편이 코요테를 향해 총을 쐈지만 빗나갔다. 코요테가 빠르게 언덕을 달려갈 때 우리는 그가 다리를 절지 않는다는 것을 깨달았다.

그 순간 나는 오스카가 죽음을 준비했다는 것을 알았다. 오스카는 우리가 그를 수의사에게 데려가 안락사시킬 용기가 없다는 걸 알고 있었다. 그 뒤 코요테에 대한 원망은 사라졌지만, 오스카의 찢어진 몸을 보는 것은 여전히 가슴 아팠다. 그런데 그때, 더 이상 자신의 몸을 그와 같이 보지 말라는 오스카의 소리를 들었다. 그것은 더 이상 자기가 아니기 때문이다. 나는 오스카에게서 흘러나오는 안도감과 기쁨을 느꼈다. 남편 역시 코요테에 대한 느낌이 다르다며, 그것이 오스카의 소원이었음을 마음속으로 느낀다고 말했다.

오스카는 코요테에게 잡히기 위해 우리 진입로를 따라 한참을 절뚝거리며 문 아래로 기어나가야 했다. 그것은 꽤 고통스러웠을 것이다. 나는 무슨 일이 있었는지 좀 더 이해하게 되었지만, 오스카가 자신의 삶을 마감하기 위해 선택한 방법은 여전히 내키지 않았다. 돌이켜보면, 그날 코요테의 행동은 정말로 이상했다. 일반적인 상황이라면 코요테는 그곳을 떠나거나, 오스카의 사체를 멀리 끌고 갔을 것이다. 코요테는 마치 나에게 무슨 일이 있었는지 알리려 하는 듯했다. 만약 오스카의 시체를 찾지 못했더라면, 나는 아마 오스카를 찾아 시골 전역을 배회했을 것이다.

그날 내내 오스카가 내 생각 속에서 말했다. "나는 괜찮아요. 나는 편안하고 기뻐요. 그러니 당신도 그래야 해요." 그러나 며칠이 지나도 여전히 오스카가 죽은 날 아침, 코요테의 행동을 떨쳐 낼 수가 없었다. 동물과의 대화를 이해하고 이 길로 들어선 나 자신의 여정을 위해서라도 나는 모든 이야기를 알아야만 했다.

며칠 뒤, 나는 페넬로페 스미스와 함께 애니멀 커뮤니케이션 고급 과정을 듣기 위해 캘리포니아의 포인트 라이스로 향했다. 이 과정에서 코요테와 그의 의미에 대해 더 많은 답을 얻을 수 있기를 바랐다. 수업 둘째 날, 우리는 '현존'에 대해 연습했다. 다음 과제로 넘어가기 전, 나는 페넬로페에게 오스카와 코요테의 사건을 좀 더 명료하게 설명해 달라고 부탁했다. 페넬로페는 말했다. "당신 스스로 답을 얻을 준비가 되어 있어요. 다음 실습 동안 코요테에게 질문해 보세요." 인간과 동물의 연결에 대한 그녀의 확신은 가히 압도적이었다. 그 순간 나는 내 질문에 답을 얻게 되리라는 것을 알았다. 나는 현재에 완전히 몰입하며, 코요테에게 물었다. 그날 단순히 책략을 부린 것인지 아니면 그날 아침 다리를 절었던 것이 오스카에 대해 알려 주려 한 것인지. 코요테가 대답했다.

"우리는 때로 살아남기 위해서 속임수를 쓰기도 합니다. 그러나 내가 다리를 절었던 것은 절름발이 고양이 오스카에 대해 알리기 위함이었어요. 나는 당신의 주의를 끌고 오스카가 누워 있는 곳을 보게 하려고 당신의 땅을 어슬렁거렸어요. 나는 오스카의 몸을 지켜야 했어요. 여우들이 그를 앗아 가려고 기다리고 있었기 때문이에요. 당신이 원했던 방식은 아니지만, 오스카는 자신에게 일어난 일을 당신에게 알리고 싶어 했습니다. 나는 죽이기 위해 그를 먹어야만 했어요. 그것이 생명의 순환입니다. 그 과정을 두려워하지 마세요. 나는 이전부터 당신을 지켜본 존재입니다. 나는 나이가 많고 현명하며, 홀로 일합니다. 나는 한때 늙은 인디언이었어요. 당신은 당신의 과거 혈통에 대해 알기를 원해 왔지요? 이 여정을 계속하다 보면 답을 얻게 될 것입니다. 내가 당신 곁에 있을 때, 그곳은 신성한 땅입니다. 나는 언제든 당신의 고양이들을 취할 수 있지만 그러지 않을 거예요. 이 일은 오스카의 요구였고, 모두 계획의 일부였으니까요."

내가 코요테와의 대화를 페넬로페에게 전하자, 그녀가 화답했다. "해냈군요. 당신은 모두 이해했어요!"라고 응답했다.

그 순간 시간이 다시 정지한 듯했다. 나는 지구상의 어떤 사람도 가르쳐 줄 수 없는 사건을 겪었다. 위대한 영이 내 기도에 응답했고, 사랑하는 동반자 오스카를 통해 내 삶에 새로운 의미를 가져다주었다. 나는 또한 오스카의 소원을 받아들인 코요테에게도 연민이 느껴졌다. 그리고 나서 그날 아침 큰 의미가 있음을 깨달았다. 그리고 그날 아침 보았던 어미 사슴과 두 마리 새끼 사슴에게도 엄청나게 중요한 의미가 있음을 깨달았다. 그들은 새로운 시작의 탄생을 상징하기 때문이다.

내 길에 새로운 빛이 비쳐 들었을 뿐만 아니라, 모든 생명의 위대한 순환을 이해하게 되었다. 생명의 순환에 대한 무지는 슬픔과 고통을 지속시킨다. 고양이 오스카와 코요테를 통해, 나는 비로소 삶의 순환에서 위안을 받았고, 우리가 모두 연결되어 있다는 사실에 기뻐할 수 있었다.

인간의 진화를 돕다

동물의 삶이 우리에게 선물이듯, 죽음 또한 그러하다. 감사하게도, 몇몇 사람들은 그것을 발견한다. 동물들은 종종 우리의 반려자로 봉사하는 것보다 더 큰 목적을 위해 이곳에 온다. 그들은 죽어 가면서, 우리 모두의 영적 진화라는 행성의 과업을 위해 더 큰 힘으로 일한다. 동물들은 많은 에너지를 움직여, 지구의 수많은, 아니 모든 존재를 위해 낡은 패턴을 정화한다. 그들은 떠나가면서 거대한 빛의 선물을 주며, 더 높은 수준의 인식과 다른 차원으로의 통로를 연다. 동물이 떠나갈 때 그들의 선물을 받을 수 있도록 열려 있는 훈련을 하라.

2002년 초, 8살짜리 아프간하운드 암컷 레아는 나와의 작업이 끝났고, 자신은 떠날 것이라고 알려 주었다. 몇 주 안에 그녀는 음식을 꺼렸고 몸무게와 에너지를 잃어 갔다. 의사는 신부전으로 진단했고, 이 단계에서 병원 치료가 도움이 될지 모호해 했다. 레아와 상의했더니 그녀는 치료를 원하지 않았고 집에서 나와 조용히 죽음으로 이행하길 원했다.

나는 3월 22일에 도미니카 공화국으로 고래 여행을 떠나기로 예정되어 있었지만, 그녀와 함께 머물렀다. 우리는 신비한 장미석영 빛과 깊은 교감 속에서 시간을 보냈고, 그녀가 우아하게 이 영역을 벗어나 별빛 고향으로 들어갈 때 무한한 영적 선물을 받았다.

3월 27일, 해방의 날인 유월절 첫날*, 레아는 만월의 달빛이 비추는 가운데 태곳적 할머니들(행성의 고대 영혼들)과 함께 영계로 떠났다. 나는 그녀가 지구 전체를 위해 놀라운 빛 에너지로 통하는 문을 여는 것을 느

---

* 구약성경 출애굽기에 나오는, 이집트에서 유대민족이 대탈출(해방)한 것을 기념하는 날.

졌다.

모든 생명과 결합하는 진화된 의식을 구현하는 존재들은 죽음으로 통과해 가면서 날씨를 비롯한 자연현상에 영향을 미치기도 한다. 우주는 이런 방식으로 그들이 우리에게 미치는 영향력과 중요성을 인정하기 위해 협력하는 듯하다. 이 신호들은 그들을 알았고, 그들의 죽음을 애도하는 이들에게 연결과 지지를 확증하는 역할을 한다. 이 현상들은 또 살아 있음과 알아차림과 모든 형태의 생명체들이 서로 연결되어 있음을 보여 준다.

나는 레아의 많은 친구와 학생들에게, 어디에서든 대기를 통과해 오는 북극광** 같은 빛을 찾아보라고 말했다. 장미석영 핑크빛이 감도는, 빛나는 녹청색, 푸른색, 보라색!*** 하늘도 협력하여 레아의 마법을 드러냈다.

나는 그녀의 몸을 (만물의 어머니인) 돌려보내며 그 육신을 월계수 나무 아래 구덩이에 안치했다. 그녀는 여러 해 여름 동안, 그 구덩이를 파며 나무 아래 흙의 서늘함을 즐겼었다. 나는 모든 것이 신의 질서라고 느꼈다. 나의 아픈 가슴은 레아라는 소중한 존재에 대한 사랑과 기쁨으로 가득 찼다.

레아를 알았던 많은 사람들은, 빛을 발하는, 사랑스러운 별 아이 같은 에너지를 지닌 아름다운 그녀의 영혼의 목적을 이해했다. 그것은 레아를 만난 모든 이들의 가슴을 열어 주었다. 이 세상을 떠나가며, 그녀는 더욱 깊은 영향을 주었다. 그녀의 죽음을 듣고 많은 이들이 애도와 찬사를 보냈다.

** 북반구에서 나타나는 대기 발광 현상. 북극 오로라. 중세 유럽에서는 오로라를 신의 징조로 여겼다.
*** 오로라 빛이 지나치게 강하면 녹색→ 연두색→ 보라색 그리고 나중에는 분홍빛까지 나온다.

또 다른 내 반려동물인 왕관 앵무새는 스스로 피루엣으로 개명했는데, 삶과 죽음에 있어 사람들에게 막대한 영향을 미쳤다. 때는 1982년 10월이었고, 나는 로스앤젤레스에 살고 있었다. 한 고객이 자신의 왕관 앵무새에 대해 상담을 요청해 왔다. 그녀는 2살 난 새가 한밤중에 소리를 지르고 깨워 몹시 심란한 상태였다. 여성이 아무리 새장을 덮거나 멈추라고 소리를 질러도 이 일은 밤마다 계속되었다. 내가 도착했을 때 그녀와 앵무새 둘 다 녹초가 되어 있었다. 그녀는 최근에 큰 관계의 파경을 겪었고, 정서적으로 몹시 힘든 상태였다. 나는 상황을 해결하도록 도울 수 있다고 생각했지만, 그녀는 당시에는 피시타라 불리던, 그 앵무새와 새장과 모든 것을 그저 가져가 달라고 부탁했다.

나는 새를 집으로 데려왔고, 그렇게 우리의 22년간의 관계가 시작되었다. 처음부터 새는 자신의 이름을 피루엣으로 하겠다고 알렸다. 그는 밤 동안 다시는 소리를 지르지 않았다. 여성이 새에게 모욕을 주어서, 나는 그의 감정을 변화시키고 싶었다. 그래서 종종 쾌활한 목소리로 "너는 훌륭해, 피루엣. 너는 대단해."라고 말해 주었다.

며칠이 안 되어, 전에는 전혀 말한 적이 없던 그는 머리를 아래위로 까딱거리며 나뭇가지 위에서 춤추고, 즐겁게 킬킬거리며 말했다. "너는 훌륭해 피루엣. 너는 대단해."

다음으로, 나는 그에게 "사랑해 피루엣, 고마워 피루엣, 너는 훌륭해."라고 말하고 키스 소리로 마침표를 찍었다. 그는 이 행복한 말과 키스 소리를, 내가 휘파람으로 불러 준 첫 노래인 '양키노래'*와 함께 자신의 목록에 추가했다. 나는 몇 개의 새 훈련 음반을 가지고 있어서, 반복적으로 말하지 않고도 그의 레퍼토리를 확장할 수 있었다. 그러나 그는 음반을 좋아하지 않았고 내 목소리만 듣고 싶어 했다.

나는 그에게 계속 말하거나 끊임없이 휘파람을 불어 줄 수는 없다고 했다. 대신 클래식 음악 방송을 틀어 주었고, 그는 자신이 좋아하는 곡을 고를 수 있었다. 짧은 시간에, 피루엣은 교향곡에서 기억할 만한 구절을 휘파람으로 불렀다. 그러나 얼마 후 그는 클래식 음악을 듣는 데 싫증을 냈고, 재즈가 더 자신의 취향이라고 정했다. 그는 즉흥적으로 짓고, 끊임없이 다양한 자신만의 멜로디를 작곡하기 시작했으며, 종종 그것들을 그 친숙한 '양키노래'에 끼워 넣었다. 그러면서 나뭇가지나 새장 바닥에서 춤추었다.

우리는 수년 동안 함께 노래하고, 말하고, 춤췄다. 존엄하고 우아하며 지혜로움과 기쁨으로, 그는 내가 진행하던 많은 기초와 고급 강좌들에서 사람들이 동물과의 텔레파시 연결에 마음을 열고 깊어지도록 도왔다. 나의 전남편 미셸 셔먼은 클래식 기타와 류트**를 연주했는데, 피루엣은 그의 음악적 영감을 도와 마침내 협력하여 음반 「지구는 말한다(The Earth Speaks)」를 제작했다.

내가 미셸과 헤어진 뒤, 피루엣은 온종일 그와 함께 살게 되었다. 그러나 미셸이 마을을 떠나 있거나, 내가 고급 강좌를 가르치는 것을 계속 돕기 위해 이따금 나를 방문하기도 했다. 피루엣은 노년기에 느려졌고, 젊

---

* 단순하고 경쾌한 멜로디로 미국인들에게 친숙한 미국 민요. 여러 버전으로 응용되어 불린다.
** 기타 비슷한 현악기.

었을 때처럼 자주 춤추거나 노래하거나 날아다니지 않았다.

2004년 10월 28일 내 생일날, 미셸이 이메일을 보내 피루엣이 죽었다고 알렸다. 나는 며칠이 지나 샤먼의 칩거 기간에 메일을 받았고, 그 소식을 그룹과 공유했다. 우리는 피루엣을 기리며, 새로 심은 어린 자이언트 세쿼이어* 나무 근처에서 장례식을 열었다. 우리는 그의 꼬리 깃털 두 개를 가지고 나무 주위에 모여 노래하고, 외치고, 흔들며 드럼을 쳤다. 피루엣은 영혼의 모습으로 나타나, 키 큰 죽은 소나무 꼭대기에 앉았고, 우리모두에게 빛을 쏟아부었다.

그는 만월의 일식 날 밤 세상을 떠났다. 그 밤은 부드러운 에너지의 파동을 불러와 우리 행성의 진화적 움직임을 돕는다. 피루엣은 그 에너지를 한층 더 널리 행성과 그 너머로 전달했다. 장례 동안, 많은 독수리들이 피루엣의 영혼이 내려앉은 나무 주변에서 날았다. 피루엣과 함께 그들은 그 에너지를 운반하여 세상 널리 퍼뜨렸다.

그의 죽음을 샤먼의 칩거 기간에 조상들의 영혼과 연합한 동류의 영혼들과 깊이 나눔으로써, 나는 비탄과 상실의 파동을 겪어 내고, 존재하는 모든 것들과 그의 영혼의 재회를 축하할 수 있었다. 나는 스승 피루엣과 오랜 세월 함께 살았던 것에 감사했다. 그는 많은 사람이 그들의 진정한 자아에 눈뜨고, 모든 존재와 연결되어 대화하는 법을 기억하도록 도왔다. 그가 죽음의 시기를 나의 생일로 정한 것 역시 영광스럽다.

---

* 미국산 거대한 삼나무 두 종류(redwood와 big tree)를 총칭한다.

요힌타는 치열한 삶의 목적과 강한 죽음에의 결의를 지닌 고양이였다. 요힌타의 죽음은 그녀의 삶의 임무를 기리며 기념되었다.

많은 사람들은 요힌타를 훌륭하고 따뜻하며 생기 넘치는 선생으로 기억했다. 16년 동안 많은 학생들과 작업하며, 그녀는 특히 정서적 이슈로 고통 받는 이들을 돕는 데 전문적이 되었다. 그녀는 인내와 애정과 영리함으로 존재감을 드러내며 학생들이 정화의 눈물을 흘리며 깨닫도록 했다. 한편으로 그녀는 허튼소리를 용납하지 않았다. 한번은 한 학생이 그녀의 동물 교감 능력을 무효화하자, 요힌타는 날카롭게 치며 학생의 손을 덥석 물었다. 그럼으로써 효과적으로 자신의 텔레파시 능력을 상기시켰다.

한편, 요힌타는 폭 넓고 깊은 정서를 반영했다. 사랑스러운 영혼의 그녀는 강렬한 열정과 단호함으로도 유명했는데, 검은 털 이마 위 두 눈 사이와 그 위에 오렌지 빛 모양의 표식으로 잘 드러났다. 그녀는 다른 스크래치 기둥을 이용할 수 있었음에도, 수년간 내 거실 카펫을 계속 긁어 대 흠집을 냈다. 다른 고양이들은 아무도 스크래치 금지 규칙을 어기지 않았다. 엉망이 된 카펫에 대해 아무리 항변해도, 그녀는 안정과 지지의 기반인 양모 바닥을 계속해서 파헤쳤다. 나는 결국 그녀의 즐거움과 예술적으로 찢어발겨진 디자인을 감사히 받아들일 수밖에 없었다. 그것은 이제 그녀 유산의 일부가 되었다.

정열적인 삼색 털 고양이 요힌타는 3살 때 시작된 알레르기로 지속적인 가려움증을 겪었다. 다수의 전인 치료*도 도움이 되지 않았고, 이따금 맞는 프레드니손 주사만이 증상을 완화했다. 그 밖에 그녀의 관심이 완전히 몰두되었거나, 아드레날린이 활성화되었을 때에만 – 스트레스를 겪는 다른 이들을 돕거나 자신이 스트레스 상황에 있을 때, 즉 1995년 10월 화재로 우리 집이 잿더미가 된 후와 같이 – 자신의 털을 씹거나 핥거나 긁어 대는 것을 멈추었다. 이 시기 동안 요힌타의 털은 빛나고 풍성하게 되돌아왔다.

그녀가 새끼였을 때 우리는 정서적으로 너무나 뒤얽혀 있었다. 그녀는 내가 여행 차 집을 떠나는 것을 결코 완전히 용서하지 않았다. 내가 돌아오면 그녀는 나를 무시하거나 성을 내며 의도적으로 집을 나가 수시간 혹은 며칠 동안 사라졌다.

그러나 그녀가 죽기 전 내가 마지막으로 집에 돌아왔을 때, 나는 요힌타의 변화된 태도에 감동받았다. 그녀는 무척 약해져 있었지만, 내가 카펫에 앉아 다른 동물들을 맞이하는 곳으로 다가왔다. 크게 가르랑거리며, 그녀는 다정하게 애정을 담아 환영해 주었고, 안고 쓰다듬어 달라고 했다.

얼마 남지 않은 마지막 몇 년 동안 그녀의 몸이 쇠해질 때, 나는 가능하면 수업 차 떠나 있는 동안 죽음을 미루어 달라고 부탁했다. 죽음으로의 변화 동안 함께 있고 싶었기 때문이다. 2004년 5월 2일 브라질로 떠날 때, 그녀에게 작별 키스를 하며, 나는 내 요구가 받아들여지지 않을 것이라 직감했다. 내 이전의 학생이자 지금은 친구인 스타가 집을 봐주기로 했다. 이 신성한 시기에 요힌타와 함께할 사람으로 스타보다 나은 사람은 없었다.

---

* 신체적 증상뿐 아니라 심리 상태와 주위 환경까지 포함하는 넓은 범주의 치료.

마지막 몇 주 동안 요힌타는 대지와의 깊은 작업에 들어갔다. 마르고 부어 오른 채 그녀는 천천히 태양이 비추는 밖으로 걸어 나가 흙의 둔덕에 앉아서 행성의 카르마(인과응보) 갈등의 어두운 에너지와 접속하였다. 그리고 그것들을 어머니 대지를 통해 씻어 내고 통합하였다. 섬세하게 기도를 올리는 상태의 그녀와 함께 있으니 가슴이 열렸다.

나는 스타에게, 위급한 상황이 오면 내 여행 동료의 핸드폰으로 전화해 달라고 했다. 몇 가지 기술적인 문제로 브라질에 있던 나는 5월 10일까지 메시지를 받을 수 없었기 때문이다.

스타에게서 메시지가 왔을 때, 나는 그것이 요힌타에 대한 것임을 직감했다. 이후 스타에게 전화하고, 요힌타가 3월 12일 오후 2시 36분에 세상을 떠난 것을 알게 되었다. 나는 놀랐다. 텔레파시로 어떤 단서도 받지 못했기 때문이다. 그날 아침 이틀이나 지난 스타의 메시지를 받기 몇 시간 전에, 새끼 고양이였을 적 요힌타의 영상이 떠올랐고, 우리가 함께한 삶에 대해 생각했었지만 말이다. 나중에 요힌타가 이 시간 동안 바빴고, 당장은 나와 접촉할 필요를 느끼지 못했다는 것을 알았다. 나는 마지막 며칠 동안 그녀와 함께 있어 주지 못해 깊이 후회했다.

나는 우리의 오렌지 줄무늬 고양이 셔먼에게 내가 없는 동안 요힌타를 돌봐달라고 부탁했었다. 내가 떠나기 전, 그는 인내심 있게 사냥한 땅 다람쥐를 요힌타에게 가져다주었고, 그녀는 탐욕스럽게 먹었다. 그것들은 요힌타가 지상에서의 마지막 작업을 하는 데 필요한 생명력이 되는 것 같았다. 나는 셔먼에게 요힌타가 양분을 필요로 하는 한, 계속해서 살아 있는 음식들을 가져다주도록 부탁했다. 스타는 요힌타가 태양 아래 밖에서 쉬고 있을 때, 셔먼이 땅 다람쥐들을 가져다주었고, 그녀가 먹을 때 사랑스럽게 이마를 핥아 주었다고 했다.

요힌타는 마지막 이틀 동안은 아무것도 먹거나 마시지 못했다. 마지막 시간, 셔먼은 요힌타에게 땅 다람쥐 두 마리와 토끼 한 마리를 가져다 놓고 조용히 옆에 앉았다. 이 동물들의 제공은 그의 깊은 사랑의 표현이었다. 토끼는 그녀에 대한 그의 특별한 축복이었다. 야생동물들은 기꺼이 그들 자신을 내주어 그녀의 고통을 덜며 영혼으로의 여정에 동참하고자 했다.

그녀와 함께 있지 못해 슬퍼하며 자책하던 중, 5월 10일에 대한 점성학 보도를 읽고 안도했고, 무언가 분명해졌다. 그날은 하현달의 마지막 날로, 죽고 떠나보내는 날이며, 신월(New moon)이 여는 새로운 시작 직전이다. 나는 이날 떠나는 것이 그녀의 죽음을 좀 더 부드럽고 수월하게 했을 것이라고 깨달았다.

요힌타가 더 약해지자, 스타는 극진한 사랑으로 돌보며 백합과 장미와 꽃 에센스로 그녀를 에워쌌다. 마지막 날 새벽 4시, 요힌타는 울부짖었다. 부서질 듯 연약한 몸이었지만, 그녀는 오랫동안 안겨 있고 싶어 했다. 마지막 시간, 그녀는 '떠 있는 평화의 섬'인 우리의 땅 전역으로 데려가 달라고 부탁했다. 그리고 주변의 시골길이 내려다보이는 '요정의 고리'라는 곳과 내 사무실 바깥에 그녀가 자주 쉬었던, 꽃 정원과 같이 그녀가 가장 좋아했던 장소들에서 멈추었다. 셔먼이 앞서 걸었고, 붓다 보이와 벨린다가 뒤따랐다.

산책 후 요힌타는 스타에게 오후의 태양 아래 벤치에 앉아 달라고 부탁했다. 그곳은 그 지역 일대와 대양에서 가장 높은 산과 마주하며, 11년 전 아프간하운드 파사가 죽은 장소와도 가까웠다. 스타는 요힌타를 껴안고 노래를 불러 주었다. 셔먼은 그들 옆 벤치에 앉았고, 붓다 보이와 벨린다는 스타와 요힌타를 마주 보고 땅에 앉았다. 모든 가족이 엄청난 존경을 보내는 가운데, 요힌타는 마지막으로 깊고 편안한 대양의 공기를 호흡했다. 그리고 고통 없이 숨을 거두었다. 그녀의 영혼은 남쪽으로 떠났다. 아프간하운드 파사와 레아가 떠난 곳과 같은 방향이었다.

스타는 성스러운 물건들로 아름다운 장소를 준비하고, 요힌타의 사체를 생전 그녀가 아끼던 방석 위에 놓았다. 모든 동물이 가까이 앉은 가운데, 스타와 그녀의 파트너 아트가 기도하고 노래했다. 동물들은 요힌타에게 코를 비비고 나서 다시 자리에 앉았다. 스타와 아트는 내가 8일 만에 돌아와 장례를 치를 수 있도록, 사체를 극진한 정성으로 단장하여 냉동고에 보관해 두었다. 스타는 요힌타가 그 시간을 자신과 함께해 주어 영광이라고 했다. 그리고 요힌타가 엄마의 죽음에 대해 해결하지 못한 감정들을 끝내도록 도와주었다고 말했다.

5월 18일에 돌아오기 전, 요힌타는 내게 자신이 영혼으로 얼마나 확장되어 가는지 보여 주었다. 5년 전 요힌타와 같은 나이에 죽었던 그녀의 소중한 벗 고양이 헤요카*의 영혼도 그녀와 함께 확장되었다. 그는 요힌타의 영혼이 귀환하기를 기다리고 있었고, 이제 그녀와 재회해 몹시 고양되었다.

붓다 보이는 요힌타의 죽음을 슬퍼했다. 셔먼은 이 여정 내내 모든 이들을 돕느라 바빴으나, 그 역시 상실감을 느꼈다. 요힌타보다 단지 3개월이 어린 셔먼은 수년간 요힌타의 놀이 친구였다. 벨린다 역시 가족에 새로 들어왔으나 슬퍼했다.

우리는 집에 돌아와 서로를 위로했다. 스타를 그녀의 차로 바래다주며

---

* 판더를 닮은 페넬로페의 수컷 고양이로, 영적인 능력이 뛰어나서 수업에 큰 도움이 되었다고 한다.(애니멀 힐링 p.85)

요힌타에 대해 이야기할 때, 독수리 한 마리가 우리 위로 날았다. 나는 요힌타의 영혼과 그녀와 함께 있는 태곳적 할머니들의 영혼을 느낄 수 있었다.

집에 돌아온 직후, 나는 장례를 위해 요힌타의 몸을 단장했다. 그녀의 눈과 귀는 일그러져 있었다. (스타는 요힌타가 죽을 때 눈이 부풀어 올랐다고 했다.) 그러나 털은 여전히 부드러웠다. 나는 감사한 마음으로 사체를 헤요카의 무덤 옆 땅에 안치하고, 스타가 사체에 감싸 둔 십자가와 구슬과 더불어, 장미와 다른 꽃들, 허브와 깃털과 하트 모양의 부적들을 그 위에 덮었다. 나는 그녀가 생전 좋아하던 캐롭*과 토르티야 칩도 턱 아래로 밀어 넣었다. 그녀의 삶을 기리기 위한 또 다른 선물이었다. 붓다 보이와 서먼과 벨린다 모두 경건하게 의식에 참여했다. 나는 울고 노래하며, 요힌타가 내 삶에 의미한 모든 것들과, 그녀가 얼마나 아름다웠고 지금도 여전히 영혼으로서 얼마나 아름다운지 느끼며 오랜 시간을 보냈다. 나는 그녀의 무덤을 꽃, 비석, 자수정 덩어리, 작은 고양이상 그리고 우뚝 선 큰 독수리 깃털로 덮었다.

나는 이 글을 장례식이 지나고 며칠 뒤에 쓰고 있다. 우리 가족은 요힌타와 우리 주변의 모든 생명과 교감하며 조용히 애도하고 있다. 나는 대기의 에너지가 요동치고 재정비되고 있는 것을 느낀다. 붓다 보이와 벨린다와 서먼과 나는 부드러운 해일이 일어나는 가운데 서로서로 부드럽게 껴안고 있다.

소중한 반려동물을 떠나보내는 것은 너무나 슬프고 기이하며 감동적이다. 지난 5년간 세 마리의 반려묘가 떠났고 단지 한 마리 고양이만 남

---

* 나무 열매의 일종.

은 것이 낯설게 느껴진다. 그들 모두 참으로 훌륭한 스승들이었다. 반려동물의 삶과 죽음을 기리는 의식은 (여기서 설명했든 아니면 개인적 영감을 통해 창조되었든) 그들과 깊은 교감을 불러오며, 우리 영혼을 고양하고, 우리가 진화하고 동물들의 놀라운 축복을 받아들이도록 돕는다.

심리학자이자 작가인 로리 무어는 요힌타가 죽어 가는 동안 이루어 낸 집단적 카르마(인과응보) 정화 작업의 일부였다. 그녀가 자신의 경험을 전한다.

무조건적인 사랑, 축복, 기쁨에 대한 비전과 각성이 내 마음을 사로잡았다. 그러나 한편 테러리스트 이미지들이 엄습해 왔고, 때로 나는 그것들이 개인적으로 내게 안 좋은 무언가를 가리키는 것으로 믿고 오해했다. 그 비전들은 어떤 다른 근원으로부터 와, 우주로 보내졌고, 내 수신기에 전해진 영상들이다. 나는 그것들에 계속 시달렸다. 내게는 또 다양한 치유 직종에서 '빛'으로 일하지만, 유사한 어려움을 겪는 고객들이 방문했다.

스피시즈 링크(Species Link)**에서 발간된 요힌타의 죽음에 관한 이야기를 읽고, 나는 요힌타와 대화할 필요가 있겠다고 느꼈다. 그때부터 요힌타는 나를 인도해 왔다. 그녀는 내게 인내와 평화와 신뢰를 가르친다. 테러리스트 이미지는 집단정신(Collective Mind)***으로부터 오며, 인식되고, 빛으로 흘려보내 융합되어야 한다. 내가 더 높은 수

** 페넬로페가 오랜 기간 편집장으로 일해 온 '동물 관련 잡지'.
*** 개인을 넘어 선조 대대로 공유되어 온 집단정신. 일종의 집단 무의식이라 할 수도 있다. 거기에는 인류의 '빛'뿐만 아니라 '그림자'도 포함되는데, 카르마는 인과응보의 업보라는 점에서 집단 무의식의 어두운 '그림자'에 비견될 수 있다.

준의 사랑과 감사함으로 그 에너지들에 주파수를 맞추고 "나는 당신들을 용서합니다. 감사합니다. 그러니 이제 떠나도 됩니다."라고 말하면, 나는 정화된다. 그것들은 집단적인 카르마이자 내 안에 인내를 가지고 더 큰 빛을 향해 조율되어야 할 어떤 지점을 가리킨다.

요힌타는 내게 사랑의 정화 작업에 동참하는 데 '현재'가 가장 중요하다는 것을 보여 준다. 지금이 바로 사랑할 때이며, 사랑이 아닌 모든 것들은 변형을 통해 원래의 근원적 사랑으로 되돌려 보낼 때이다. 단지 사랑만이 인식될 때까지.

사람들은 곤경에 처하거나 죽어 가는 동물들의 물리적 상황에 심란해 한다. 그러나 그들은 이런 상황들의 이면에 있는 영적 목적에 대해 이해가 부족할 수도 있다.

1985년, 일본의 참치 잡이 어부들의 어망에 학살당하는 돌고래들을 걱정하여 일부 사람들이 내게 전화했다. 그들은 내게 돌고래들에게 그물에서 멀리 떨어져 있으라고 전해 달라고 부탁했다. 나는 원거리에 있는 돌고래들과 텔레파시로 접촉했으나, 그들은 도살과 관련해서 그들만의 목적과 임무가 있다고 했다. 그들은 인간들이 행성의 모든 생명체를 파괴하기 전에, 인간 의식에 충격을 가하고, 그들을 일깨워 긍정적인 조치를 취하도록 하기 위해서 자신들의 피와 죽음이 불가피했다고 했다. 그들은 돌고래들과 고래들은 역사적으로 인간의 영적 친구이자 안내자였다고 설명했다. 그러나 많은 사람들이 바다의 형제자매들의 조화로운 본보기에서 평화의 영적 메시지를 듣고 배우려 하지 않기 때문에, 인간들에게 닿기 위해 좀 더 강력한 소통이 필요했다. 돌고래들은 긍정적인 변화를 일으키기 위해 자신들의 몸을 희생해야 한다면, 기꺼이 그렇게 할 것이라고 했다.

수년에 걸친 돌고래와 고래들의 행동으로 많은 사람들이 그들을 구하려 애쓰게 되었고, 지구와 해양과 다른 생명체들에 대한 인간의 태도와 접근방식 또한 변화되었다. 수십 년 뒤, 더욱 많은 돌고래와 고래 특사들이 인간과 접촉하고 자신들의 생명을 희생한 뒤에 인간 의식은 더욱 고양될 것이며, 고래목과의 형제자매들은 더 이상 우리 인간을 일깨우기 위해 죽지 않아도 될 것이다. 그들은 엄청난 자비심으로, 우리가 진화하여 다른 종들과 서로 서로에 대한 살육을 끝내기를 소망한다.

5장
보호소와 구조된 동물들

🐾

동물들에 대해 걱정하지 마세요. 모든 존재는, 엄청난 고통을 겪으며 죽음을 향해 갈 때조차 실제로 스스로를 돌볼 수 있습니다.

－진 마호니Jean Mahoney, 전 동물구조자

이 장에서는 동물들의 고통과 죽음에 대해 몇 가지 공통된 질문과 쟁점을 다룬다. 동물 쉼터에서 일하며 그들을 구조하는 사람들이 제기한 질문들이다.

1. 왜 어떤 동물들은 보호소에 있을까?

넓은 관점에서 보면, 인간의 무지와 무책임으로 반려동물들을 중성화하지 않기 때문이다. 또 집을 얻지 못하는 잉여 동물들도 있다.

인간을 포함하여 동물들은 육체를 지니고 생물학적인 설계와 몸의 목적에 부합하게 살아간다. 그러면서도 본연의 영적 본성과 존재 이유에 대한 감수성도 지니고 있다. 대부분의 가축들은 인간과 동료가 되고 싶어 한다. 그러나 그들도 우리처럼 삶의 모든 것을 의도적으로 통제하거나 사람들에게 잘 대우 받는 것은 아니기에 결국 학대 당하고 버려지고 몰살당하기도 한다. 지상에서의 삶은 힘들 수 있다.

어떤 동물들에게 인간들과의 삶은 버겁다. 그들은 개나 고양이의 몸으로 세상을 엿보았고 이제 떠나고 싶어 한다. 한편, 또 다른 동물들은 그들이 곧 죽으리라는 것을 알지 못하지만, 그들 역시 사람들과 더불어 살아갈 공간은 없다.

나는 동물들이 간혹 어떻게 죽음을 택하는지, 3살 암컷 저먼셰퍼드 사라를 만나고 알게 되었다. 그녀는 사람과 다른 개들에게 극도로 공격적이었다. 반려인들은 그녀를 훈련하고 통제하기 위해 여러 방법을 시도했으나 성공하지 못했고, 결국 처분할 수밖에 없는 상황에 놓였다.

사라와 대화했을 때 그녀는 꽤 진지했고, 자신은 사랑하는 가족들을 지키기 위해 이곳에 있다고 했다. 사라는 자기가 좋아하지 않는 다른 사람이나 개들을 무는 것이 합당하다고 여겼다. 그녀는 반려인들에게는 잘 훈련되어 있었고 얌전했고 사랑스러웠으나, 그들을 지키는 자신만의 방식이 너무 완고했다. 의식적·무의식적으로 개의 공격적인 행동을 조장하고 심지어 칭찬하는 일부 사람들과 달리, 사라의 반려인들은 그녀와 작업하며 공격적인 행동을 저지하기 위해 할 수 있는 모든 것을 다했으나 사라에게는 변하려는 의지가 없었다.

나는 입마개를 하라고 권했지만, 반려인들은 그녀가 입마개에서 벗어날 수 있다는 것을 알고 있어서 그것이 효과가 있으리라고 생각하지도 않았다. 나는 사라에게, 만약 방식을 바꾸지 않으면, 가족들이 안락사를 고려할 수밖에 없다고 설명했다. 그러나 다른 반려견들과 달리, 그녀는 꿈쩍도 하지 않았다. 그녀는 무슨 일이 일어날지 이미 이해한다고 했다. 자신은 해야 할 일이 있었고, 만약 안락사된다면 그저 자기의 일이 끝난 것이라고 했다. 그녀는 더 이상 말하고 싶어 하지 않았다.

이것은 개의 관점에서는 단순하지만, 반려인들에게는 확실히 어려운 문제였다. 그들은 사라가 쇠사슬에 묶이거나 개집에 갇혀 평생 살아가기를 원하지 않았고, 한편으로 그녀가 다른 사람들이나 개를 해치게 되는 위험을 감수할 수도 없었다. 사라는 스스로 선택을 한 것 같았다.

어떤 동물들은 까르마(인과응보)적인 이유로 동물보호소에서 삶을 끝낸다. 그들은 오래된 패턴을 이해하거나 전생의 빚을 갚으려 한다. 어느 동물원에 방문했을 때, 나는 한 표범이 작은 케이지에서 왔다 갔다 하며 구슬피 신음하는 것을 보았다. 그는 절망과 굴욕을 느끼고 있었다. 그 동물원은 동물들을 위해 좀 더 크고 자연에 가까운 서식지로 바뀌고 있었으나, 그는 여전히 좁은 케이지에서 벗어나지 않았다. 나는 약간 떨어진 벤치에 앉아 그와 대화했다. 그의 비참함이 너무 압도적이었기 때문이다. 나는 그에게 왜 그런 곤경 속에 있는지 물어보았다. 그는 남자였던 전생의 이미지를 전해 왔다. 그는 전생에 표범을 포함해 동물들을 불법적으로 밀렵했다. 이번 생에, 그는 빚을 갚고 삶의 다른 측면을 이해하기 위해 반대 역할에 처한 것이었다.

2. 동물보호소를 방문하는 동안, 우리가 구조할 수 없는 동물들의 고통을 덜어 주기 위해 무엇을 할 수 있을까?

동물들이 온 우주와 방문하는 사람들에게, 자기들이 집을 원하며 기꺼이 봉사하고 행복해질 수 있다고 마음으로 그릴 수 있음을 알려 주어라. 그러면 그들이 보호소에서 벗어나는 데 도움이 될 수 있다. 동물들이 정확하게 어떤 집을 원하며, 누구와 살고 싶은지 이미지를 떠올릴 때, 그들을 입양하고자 하는 사람들의 마음을 끌기 시작한다.

보호소에 있는 일부 동물들은 오래된 트라우마에 갇혀 도움을 청할 수 없다. 그들은 절망적인 상태에서 행복한 삶을 상상하기까지 변화되는 데 힘겨워 한다. 그들은 죽고 싶어 하거나, 내면과 주변의 두려움에 굴복할 수도 있다. 그들에게 사랑과 축복을 보내라. 그들의 진정한 영적 본성을 상기시켜라. 그리고 다음번에는 더 나은 상황을 선택하도록 격려해 주어라.

나는 휴먼 소사이어티(Human Society)*에서 기초강좌를 열며, 그 시기 동안 수강생들에게 사람을 두려워하고 결코 입양될 수 없다고 여기는 동물들과 작업하도록 했다. 수강생들이 그들과 대화하며 이해하게 되었을 때, 동물들의 부정적인 태도는 사라지기 시작했다. 그리고 그들은 자신들이 원하는 것을 정확하게 떠올릴 수 있었다. 심지어 강좌 마지막에 가장

* 미국에서 가장 영향력 있는 '동물 보호 단체' 가운데 하나.

어려웠던 부분은 동물들을 배치할 집들을 구하는 것이었다.

3. 동물들은 죽으면 어디로 가는지 알까?

많은 동물들이 다른 차원들을 일별하거나 자신들이 온 곳을 기억한다. 그러나 일부 동물은 몸에서 영혼이 분리될 때까지 기억하지 못하기도 한다.

4. 동물들도 인간과 같이 육체적이고 정서적인 고통을 느낄까, 아니면 자연적인 천연진통제가 있어서 좀 더 잘 대처하고 생존할 수 있을까?

모든 종의 개체들은 고통에 대해 다른 감수성을 가지고 다르게 반응한다. 종에 따라 고통에 대한 반응이 다르다 해도, 동물들 역시 신체적·정서적으로 고통 받는다. 예를 들어, 많은 고양이들은 다치거나 아프면 가르랑거린다. 그 소리는 고통을 진정시키고 완화하는 뇌의 엔돌핀을 활성화하여 실제 그들이 고통을 견디는 데 도움이 된다.

인간을 포함해 동물들도 심각한 스트레스에 직면하거나 죽음이 임박하면 쇼크와 마비가 일어나 대개 고통에서 분리된다. 예를 들어, 포식자가 덮치면 대부분의 동물들은 몸에서 떠나 충격을 느끼지 못하거나 충격에서 해방된다. 만약 포식자가 바로 동물을 죽이지 않으면, 동물의 육체는 살기 위해 발버둥 친다 해도, 대개 쇼크 상태로 몸에서 분리되거나 무의식적이 되어 신체 감각이 마비된다. 그러나 육체가 죽지 않고 부상에서 회복되면, 영혼은 잠시 후 되돌아와 다시 신체 감각을 느끼게 된다.

동물보호소나 대량 밀집 공장식 축산에서, 동물들의 정서적 고통은 공동의 공포와 비참함을 양산하여 죽음의 전망은 더욱 끔찍해진다. 다른 동물들의 공포와 혼란을 고스란히 느끼며 무슨 일이 일어날지 알 수 없는 상황에서 죽음으로의 길은 무시무시하게 소름 끼치게 된다.

이런 상황은 몸에서 분리되어 영혼으로서의 자기를 깨닫고 그것과 재연결됨으로써 완화될 수 있다. 주사에 의한 죽음은 무슨 일이 일어나는지에 대해 혼란이 선행되지만 않으면, 대개 신속하며 고통이 없다. 한편 과잉 밀집으로 가축을 죽이는 것은 일부 개체들이 이런 식으로 죽어 가는 이유를 알고 있다 해도, 바람직한 전망이 될 수 없다.

5. 보호소의 동물들에게 그들을 안내하고 위로해 줄 수호천사가 있을까?

내가 아는 한, 살아 있는 모든 생명체에게는 요청하면 도와줄 수 있는 수호천사나 영혼의 안내자 혹은 친구들이 있는 것 같다.

6. 동물들도 사람처럼 갑작스러운 죽음을 맞게 되면 놀랄까?

나는 무슨 일이 일어났는지 알지 못한 채 자신의 몸을 배회하는 동물들을 만나 왔다. 그들은 심지어 자신의 육체가 다시 일어나기를 기다리고 있었다. 도로변에 죽어 있는 동물들을 볼 때마다 나는 그들의 영혼이 괜찮은지 확인한다. 만약 그들이 여전히 방황한다면, 이전의 몸은 죽었으니 이제 떠나야 한다고 알려 준다. 이것은 누구나 할 수 있는 일이며 동물과 우리 모두에게 위로가 된다.

살아 있음의 유희와 신비는, 당신이 육체를 입고 오기 전에 미리 전반적인 삶의 계획을 설계하고 차근히 그 길을 선택했을 때조차 무슨 일이 일어날지 알 수 없다는 데 있다. 당신이 영혼이었을 때 알았던 것을 잊어버림으로써, 육체적 삶을 사는 동안 놀라움과 도전을 맞게 된다.

다이앤은 수의사의 실수로 안락사한 6살 강아지 비니 때문에 내게 전화했다. 다이앤은 수의사에게 앞을 못 보며 관절염이 있는 16살의 노령견을 안락사시켜 달라고 부탁했다. 그런데 다이앤이 없을 때 수의사가 왔고, 노령견 대신 비니가 안락사되었다. 그녀는 의사가 어떻게 두 마리 개 사이에서 실수할 수 있는지 이해되지 않았다. 그녀는 충격 받았고, 비니 역시 아연실색했다. 비니는 배회하며 되돌아오고 싶어 했다. 다이앤은 새로운 개를 얻을 계획이어서, 비니는 그녀에게 돌아와 자신의 중단된 삶을 계속 살 것이라고 전했다.

야외에서 살던 집토끼 아비가일은 들판에서 풀을 뜯어 먹던 중 매에게 급습 당했다. 매가 공격했을 때, 그녀는 몸에서 빠져나와 날았다. 우리가 그녀와 대화할 때도 그녀는 여전히 날고 있었다, 너무나 재미있었기 때문이다. 그녀는 심지어 매로 되돌아오는 것을 고려하고 있었다. 갑작스럽고, 예기치 못한 죽음이 그녀에게 삶에 대한 새로운 관점을 열어 주었다.

7. 동물들은 우리가 이해할 수 없는 방식으로 감지하여, 보호소에서 죽음이 그들 가까이 있다는 것을 알까? 이것 때문에 일부 동물들이 우울해 보이는 걸까, 아니면 그들은 그저 포기할까?

대부분의 동물들은 주변에서 일어나는 일들을 알고 있다. 동물들은 자신들의 감각과 조율하며 텔레파시로 생각을 수신할 수 있기 때문이다. 그러나 정확하게 무슨 일이 일어날지, 또 그것이 그들에게 어떤 영향을 미칠지에 대해서는 알지 못하거나, 또 그것이 그들에게 일어나리라고 믿지 못하기도 한다. 그들은 좀 더 나아지리라는 희망을 선택하거나 고통스러운 현실을 부정하기도 한다. 그들은 우울하고 두려워하며 체념할 수도 있고, 혹은 초연하며 평화로울 수도 있다. 희망컨대, 더 많은 보호소가 '안락사 없는(no kill)' 상태로 변화하여, 동물들이 자신들이 구조된 곳에서 절박하게 죽음의 위협을 느낄 필요가 없게 되기를 바란다.

8. 일부 사람들은 야생 고양이들을 포획하여 중성화하고 다시 먹이를 얻을 수 있는 장소에 방사한다. 이것이 계속되어야 할까, 아니면 안락사 시키는 게 더 인간적일까? 이러한 삶의 조건에 있는 고양이들에게 충족되어야 할 정서적인 욕구가 있는가?

당연히, 동물들을 죽이는 것보다 중성화하는 것이 더 윤리적이며 인간적이다. 많은 고양이들은 야생 상태를 더 선호하며, 돌봄적인 야생의 상황에 꽤 만족해 한다. 한편, 어떤 고양이들은 인간과 함께할 목적을 가지고, 인간과 친밀하게 지내며, 집에서 함께 살고 싶어 한다. 이러한 고양이들과는 조용히 시간을 보내며, 그들을 편안하게 하는 것이 무엇인지 관찰하고, 가능한 그들의 마음을 경청하는 것이 고양이들을 정서적으로 지지하는 데 도움이 될 것이다.

9. 보호소에서 동물들을 돌보는 사람들은 어떻게 하면 동물들에게 일어나는 일들을 좀 더 잘 수용하며 보다 나은 기분을 느낄 수 있을까?

보다 높고 넓은 관점에서 보면, 이 물질계에서 모든 형태와 에너지들은 오고 간다. 모든 것은 변형되며 영혼은 계속된다. 몸을 지닌 모든 존재는 육체적 죽음을 맞이한다. 아무리 일시적이라 해도, 각 개체에게는 고유의 목적과 때가 있다. 영혼의 관점에서, 에너지와 형태는 일종의 물질의 창조인, 점토나 예술 작품을 주조하는 것과 같다. 형태가 되고 또 그것에서 분리되는 것은 이 행성에서 삶의 일부이다. 불교의 진리에 따르면, 고통은 육체에 대한 집착과 모든 것의 일시적 속성을 수용하지 않는 데서 비롯된다.

분명히 육체를 지닌 우리에게는 이곳에서 일어나는 일들에 대한 정서적 지분이 있다. 즉 다른 생명체에게 일어나는 일들에 대한 공감과 연민 없이는, 살아 있음의 기쁨도 별로 없다. 생명이 있는 존재들은 이런저런 방식으로 삶에 대해 스스로 선택한다. 비록 이후에 그들이 선택한 것을 잊어버리거나 부인하더라도 말이다. 당신은 다른 이들이 고통을 자아내는 선택을 자각하게 하고, 조화와 기쁨을 창조하도록 도울 수 있다. 또 그들이 끔찍한 상황에서 벗어나 더 행복한 삶을 살도록 도울 수 있다. 당신의 도움이 필요하고, 그것을 수용할 수 있는 이들을 도와라. 그 과정에서 스스로 소진되지 말고, 자신에게 최선이라 느껴지는 방식으로 하라.

나는 한번 캘리포니아 프레즈노 근처에서 교육하고 운전해서 돌아가던 중 거대한 트럭을 뒤따르게 되었는데, 그곳에는 작은 케이지에 쑤셔 박힌 닭들로 가득했다. 닭들이 그처럼 처박혀 있는 것을 보니 끔찍했다. 지나가며 트럭의 옆을 보았는데, 죽은 닭들의 목과 머리가 철창 밖으로 매달려 있었다. 나는 울음을 터트렸다. 트럭 안에 있는 모든 닭들의 고통이 느껴졌기 때문이다. 나는 운전하며 흐느꼈고, 트럭의 닭들과 인간의 손에 고통 받아 온 모든 동물의 영혼들에게 우리 인간의 몰이해와 냉정함을 용서해 달라고 간청했다. 나는 용서를 구하며, 언젠가는 인간이 동물들을 좀 더 이해하고 다정해질 수 있도록 기도했다.

나는 내 기도가 고통 받는 동물들을 향한 연민을 확대하며 좀 더 빨리 그들의 고통을 끝내는 데 도움이 될 것이라 느꼈다. 동물들이 고통 받는 것을 목도할 때마다, 특히 그 순간 그들의 고통을 덜어 주기 위해 아무것도 할 수 없을 때, 당신은 그것을 자행하는 사람들을 포함해서 고통 받는 모든 동물을 위해 기도하며 안정과 행복을 떠올릴 수 있다. 이런 식으로 우리는 변화를 희망하며 그 상황에 좋은 에너지로 공헌할 수 있다. 그 과정에서 우리는 정서적으로나 영적으로 우리 자신 역시 도울 수 있다. 수많은 연구들이 기도와 긍정적인 생각의 실질적인 효과를 입증했다.

10. 만약 어떤 사람들이 보호소의 동물들의 상황에 너무 민감하다면, 그들이 전생에 같은 경험을 했을 가능성이 있을까? 우리는 인간이 되거나 동물이 되는 것 사이를 오고 갈 수 있나?

나는 상담하면서, 삶의 열정과 주요 관심이 전생의 삶과 연결되었거나 이어져 있는 수천 명의 사람들과 동물들을 발견해 왔다. 당신은 여러 생애 동안 동물들을 돕기 위해 애서 왔거나, 과거에 동물을 해한 것을 보상하려고 했을 수 있다. 과도한 걱정은 큰 인상을 남긴 개인적 사건과 관련 있을 수 있지만, 한편 오래된 상처나 상해에서 놓여나거나 당신의 목적을 분명히 하기 위해 검토해 볼 만한 전체 생의 패턴과 관련이 있을 수도 있다.

생명체는 그들의 존재 목적에 따라 생애마다 다른 종으로 이동할 수 있다. 일부는 인간이나 고양이 등 특별히 한 가지 종으로 남기로 선택하기도 한다. 그들이 그것을 원하거나, 그렇게 하는 것이 자신들의 목적을 충족시킬 수 있다고 여기기 때문이다. 그러나 다양한 개체만큼 다양한 이유와 양상이 있다.

6장
영혼의 차원들

🐾

우리가 경험하게 될 다른 차원, 다른 장소 그리고 다른 유희들이 있다.

－참새의 노래

육체를 떠난 존재들과 접촉함으로써, 나는 이제 영계의 무한한 '장소들' 과 '차원들'에 대해 인식하게 되었다. 이렇듯 광범위한 다양성을 체험한 것은 깨달음을 주었다. 죽은 동물들은 빛의 장소들, 어둠의 장소들, 지구와 유사하지만 살아남기 위한 투쟁이 없는 장소들, 동화책과 같은 장소들 또 생전의 다른 종의 친구와의 만남, 천사 같은 존재와의 만남 등 무척 많은 것들을 내게 묘사해 주었다.

많은 동물들은 마지막 숨을 거두기 오래전부터 이미 몸을 떠나 영계에서의 삶을 체험하기 시작한다. 그것은 꿈을 꾸는 것과 유사하다. 육체에 속해 있는 것만큼 '실제' 같은 꿈이다.

우리가 영계의 존재들과 접촉할 때, 그들은 우리의 기대에 맞추어 현실적이거나 수용 가능한 이미지들을 보낸다. 영혼이 다른 차원에서 그런 모습으로 존재하지 않더라도, 우리가 인식할 수 있도록 그들의 죽은 모습을 번뜩이는 것은 특이한 일이 아니다. 그들은 생전의 젊고 건강한 모습의 이미지를 보내기도 하며, 자신들의 영적 상태를 다양한 색깔과 밝기로 보여 주기도 한다. 그들은 자신과 서로의 영혼을 빛이나 형태나 끊임없이 변화하는 다양한 방식으로 감지한다. 그들은 종종 육체에 속한 우리를 위해, 우리가 이해하거나 관계할 수 있는 방식으로 차원들을 묘사한다.

영혼의 세계에서, 존재들은 대개 축복과 기쁨과 평화로 충만하며 모든 존재와 연결되어 있다. 그러나 만약 지상의 삶에서 끝내야 할 이슈가 남아 있다면, 그들은 영계에서도 계속 그것들에 대해 작업해야 하며, 그 결과 다양한 감정들을 겪어야 할 수도 있다. 우리는 뿌린 대로 거둔다. 영적 차원에서의 많은 경험들은 지상에서 우리가 창조한 것의 연속체이며 그 역도 마찬가지다.

명백히, 모든 영역은 동시에 존재하며, 우리의 인식 여하에 따라 다양한 방식으로 일별(一瞥)되거나 경험될 수 있다. 때로 영계는 지구계와 공존하는 것 같다. 단지 두 세계를 분리하는 얇은 장막이나 진동의 차이만이 있을 뿐이다. 다른 차원을 인식하는 행위는, 우리의 인식을 더 가벼운 형태로 바꾸거나, 다른 텔레비전이나 라디오 채널에 주파수를 맞추는 것과 같다. 때에 따라 어떤 존재들은 쉽게 대화하거나 접근할 수 없는, 다른 영역이나 차원의 먼 '거리'에 떨어져 있는 것 같다. 죽은 동물들은 특정한 차원으로 들어가려는 목적과 그들만의 인지 규칙에 따라 이러한 거리를 만들어 낸다.

영혼의 세계에서 존재들은 서로서로 알 수 있다. 그러나 항상 다른 모든 영혼과 접촉하고 있지는 않다. 그들은 자신들의 목적과 전망에 따라 다른 영역들, 일종의 다른 부서나 차원으로 간다. 영계에서 시간은 존재하지 않으며 무엇이든 새롭게 창조될 수 있다. 모든 존재가 그렇지는 않더라도, 무한한 평화와 사랑 역시 가능하다.

바바라는 몇 년 전에 죽은 자신의 애마, 그랜파에 대해 내게 물었다. 그랜파와 접촉했을 때, 그는 지구와 닮아 보이는 장소를 묘사하며, 한 무리의 말들 속에서 즐기고 있는 자신의 이미지를 보내왔다. 그의 몸은 이 세상 것 같지 않았고, 빛났다. 그는 고통이나 배고픔을 겪지 않았고, 마법 같은 차원에서 행복하게 풀을 뜯고 있었다.

나는 최근에 죽은 토끼 체스터와 접촉했고 그가 보여 준 세계에 기뻤다. 그곳은 동화책 속 세상 같았는데, 다양한 영혼들이 재미있는 형상을 하고서, 마치 토끼 같은 모습에서 어떤 것으로든 형태를 바꿀 수 있었다. 부풀어 오른 구름들은 나무와 집의 형상이었고, 그 모든 것들은 가볍고 변형 가능했다.

1년 전 죽은 노령견 메기는 개의 육체로 사는 삶은 그 자체로 욕구와 상실과 절망이 있었다고 했다. 그러나 이제 그녀는 완전한 연결과 온전함만이 존재한다고 했다. 그녀는 자신의 반려인에 대한 사랑을 어떤 욕구나 갈망으로도 깨어지지 않는 '연속된 원'으로 보았다. 그녀는 빛과 평화에 둘러싸인 자기 이미지를 보여 주었고, 예전에 죽은 친구들과 혈육들을 인지하고 있었다.

동물의 영혼과 접촉할 수 없다 해도, 당신은 그들이 평화롭고 아름다운 곳에 있다고 마음에 떠올려 볼 수 있다. 그렇게 하면, 그들의 본질을 느끼며 심지어 그들의 차원으로부터 온 비전과 감각을 체험하는 데 도움이 될 것이다.

생의 저편에 대한 교훈

영혼의 세계에는 배울 교훈과 즐길 만한 경험들이 많다. 애니멀 커뮤니케이터 던 바우만은 17살에 죽은, 친구 클레어의 고양이 루키와의 대화를 통해 저승에 대해 일별한 경험을 나눈다.

영혼으로 이동하던 날 아침, 루키는 함께 죽음을 들여다보자며 나를 초대했다. 나는 동굴로 들어가는 입구처럼 보이는 밝은 청자색 화면을 보았다. 동굴 역시 부드러운 청보랏빛으로 가득했다. 화면 속에는 살아 있거나 죽어 가는 동물들의 이미지가 많이 보였다. 그때 나는 그 화면이 과거나 미래에 대한 일별이 될 수 있음을 이해했다. 그것은 개인이 '전생의 삶들을' 재고하거나, 가능한 '미래의 삶들'을 고려해 보는 방법이었다.

잠시 후, 루키는 자신이 영계에서 휴식을 취하고 있다고 했다. 그는 또 다른 삶을 생각하기에는 너무 이르며, 대신 따뜻한 치유의 '빛에 흠뻑 취해 있고' 싶어 했다. 영계에서 그는 자유롭게 어떤 형태든 될 수 있고, 자신이 선택한 어디로든 갈 수 있었다. 그는 그곳에서는 인간이 알고 있는 방식으로 시간이 존재하지 않는다고 했다.

"나는 여기서 고요와 현재에 존재하는 감각을 즐기고 있어요." 루키가 말했다. "나는 그저 쉬고, 느긋하게, 매 순간 '지금(now)'을 즐기고 있어요. 당신도 시도해 보세요! 우리는 아주 긴 대화를 나눌 수 있지만, 그것은 당신의 현실에서는 몇 초밖에 걸리지 않을 겁니다."

루키가 세상을 떠난 지 1년 뒤, 클레어는 내게 편지로 물었다. "그는 계속 차원을 이동해 다닐까? 그는 되돌아올까? 만약 그렇다면 언제, 어디서, 어떤 모습으로 그를 찾을 수 있을까?"

루키와 접촉해 클레어의 질문을 하자, 그는 폭소하며 말했다.

"인간은 항상 미래에 대해 알고 싶어 하는군요." 그는 예전의 루키 같지 않았고, 묘하지만 분명히 좀 더 여성적 존재에 가까웠다. "나는 지금 배우고 있어요." 루키가 말했다. "나는 당신들이 '인간성'이라 부르는 것에 관해 일종의 수업을 듣고 있어요. 분명히 지상으로 돌아갈 계획이지만, 아직 어떤 모습일지는 결정하지 않았어요. 다만 아주 짧은 시간 동안만 인간이 되는 것에 대해 숙고하고 있어요." 루키는 어린 소녀로, 그것도 아마 의료적 치료가 필요한 상태로 4, 5살까지만 지상에 살 계획이라는 인상을 주었다. 내가 약간 놀라자, 루키는 인간의 모습이 처음인 어떤 영혼들은, 말하자면 상황을 살피기 위해 단지 짧은 시간만 지구에 온다고 설명했다. 그녀는* 그 영혼들이 어떻게 어린 나이에 죽을, 장애를 지닌 아이로 오기로 선택했는지에 대해 공부하고 있다고 했다. 인류에 대한 그들의 봉사는 아픈 아이들을 돌보는 이들이 돌봄과 사랑과 상실감에 대해 배우도록 돕는 것이다. 한편 아픈 몸에 들어가는 영혼을 위한 교훈은 인간의 삶에 대한 감각을 얻고, 한계에 대해 배우며, 타인에 대한 봉사를 배우는 것이다.

루키는 또 어떤 이들은 의도적으로 의료적 처치가 필요한 한계를 지닌 모습으로 육체를 입고 왔다가 일찍 생을 마감한다고 했다. 그런 방식의 몸에 대해 배우기를 원하기 때문이다. 루키는 영혼의 세계로부터 더 많은 앎과 더 깊은 감각적 이해가 가능하다고 했다. 인간들이 이러한 상황을 피상적 사고나, 순전히 동정심이나 슬픔과 같은 정서적 반응에만 기대어 판단하지 않게 하기 위해서다. 루키는 자신의 학습 수준을 초등학생 정도로 묘사했다. 그녀는 다음번 환생하기 전 가고자 하는 일종의 '대학'에 들어가기 위해서 좀 더 많은 수업에 참여할 필요가 있다고 했다.

루키는 나와 함께 많은 전생들을 살펴보았다. 그녀의 전생은 대부분 캥거루, 고슴도치, 돼지(여러 번), 금붕어, 오리, 곰, 고양이, 개(여러 번)뿐 아니라, 사람들과 함께 살았던 생쥐나 사막쥐를 포함해 다양한 형태의 동물들이었다. 동물이었을 때 그녀는 종종 애완이나 반려동물로서 많은 생을 인간들과 함께 보냈다. 루키는 자신은 정말로 인

---

* 생전의 루키는 그(he)였지만, 영계에서 루키는 변화하여 여성적 자아에 가깝게 되어 '그녀(she)'로 표현되었다.

간을 좋아하며 그들의 모습에 매료된다고 열정적으로 말했다. 그녀는 그것이 바로 잠시라도, 아마 처음 몇 번은 아이의 수준으로, 인간이 되기 위해 훈련하는 이유라고 거듭 말했다. 그녀는 과거 몇 번의 전생에서 인간의 몸에 적응하는 데 어려움을 겪었고, 그래서 복잡한 인간의 수준으로 나아가기 위해 좀 더 배울 필요가 있다고 느꼈다.

그녀는 마찬가지로 다른 동물이 되기 위한 특수학교도 있다고 덧붙였다. 심지어 다른 행성에서 다른 모습으로 살기 위한 학교도 있다. 그 전체 경험들은 마치 스타트랙 시리즈에서 묘사한 홀로그램 속에 있는 것처럼, 가상현실 시나리오를 연상케 했다. 즉 누구든지 짧은 시간 동안, 어떤 형태나 상황을 선택해 경험할 수 있다. 그리고 이 경험들은 배우는 장치로서 매우 소중하다.

루키는 반려인 클레어와 사는 동안 엄청난 호기심과 배우고자 하는 열망이 있었다고 했다. 그녀는 한때 자신이 '걸쳤던' 루키의 성격은 더 이상 존재하지 않는다고 했다. 그러나 클레어는 여전히 자신이 알고 있는 루키와 접속할 수 있었다. '모든 형태의 루키가 유효했기 때문이다!' 루키는 이것을 일종의 큰 영혼의 배전반(스위치)으로 묘사했다. 즉, 여러 삶과 여러 모습으로 살았던 모든 측면의 루키와 연결될 수 있는 것이다. 우리가 그저 고유한 개성과 환경에 있는 특정한 루키의 삶에 접속하면 된다.

루키는 이것이 많은 동물들이 애니멀 커뮤니케이션 수업에서 인간과 연결되는 방식이며, 왜 두 명의 서로 다른 사람들이 같은 동물에게서 두 개의 다른 메시지를 받는지 설명한다고 했다. 루키가 말했듯이, 내 의식 수준은 우리가 연결된 그 순간 루키의 의식성과 가장 가까운 수준에 맞추어졌다. 만약 내가 단순히 한때 클레어와 살았던 그 고양이 루키와 대화하고자 한다면, 나는 그 연결로 플러그를 꽂으면 된다. 그러나 한때 '루키였던' 더 큰 영적 존재와 연결되는 것이 우리의 대화에 좀 더 유익하리라는 결심이 섰다. 만약 나의 의식 수준에 이러한 연결이 너무 낯설거나, 혹은 그것이 클레어에게 해롭다면, 나는 그냥 연결하지 않으면 된다. 대신 나는 다른 버전의 루키에게 조율될 것이고, 그러면 그 수준에 맞는 다른 메시지를 받게 될 것이다.

위 예는, 동물의 영혼의 다양한 측면과 접촉할 가능성을 시사한다. 당신의 연결은 개별적이며 당신의 가슴속에 살아 있다는 점을 기억하라. 동물은 삶과 죽음에 이르기까지 당신을 사랑한다. 동물이 죽은 이후 그들과 대화하는 능력은 생전에 당신들의 교감의 자연스러운 연속이다.

사후에도 이어지는 유사 경험들

사후에 다양한 차원의 가능성에 대해 더 알아 가기 위해, 이 책에서의 동물 사례들과 대조되는, 이번 생에 내 부모님의 죽음을 고려해 보고자 한다.

나의 아빠는 자신을 무신론자라 칭했다. 그는 영적인 문제에 대해 전혀 말한 적이 없다. 60대 중반, 의사가 만약 음주를 멈추지 않으면 고혈압으로 1년 안에 죽을 것이라고 하자, 그는 죽는 것이 너무 두려워, 즉시 주말에 폭주하는 알코올 중독자에서 금주가로 변했고 자연식 식단을 추구하기 시작했다.

그러나 그는 계속해서 시가를 피웠고, 80세가 되었을 때 다른 모든 면에서는 건강했지만, 폐암으로 진단 받아 수술을 받았음에도 불구하고 세상을 떠났다. 아버지가 돌아가시기 직전 방문했을 때, 나는 그에게 사후 세계에 대해 어떻게 생각하는지 물어보았다. 이전에 영적인 문제에 대해 말하기를 꺼렸던 것과 달리, 그는 죽을 때 호피 인디언들과 함께하게 될 것이라고 말했다. 그 당시 아빠는 내 여동생과 애리조나 주 호피 인디언 구역 근처에서 살고 있었다.

죽음이 가까워지면, 사람들은 전에는 부인했다 해도 영적인 실제에 대해 인식하는 경향이 있다. 나는 아빠에게 다음 생에는 무엇을 하고 싶은지 물었고, 그는 꽤 분명하게 팔로미노*가 되고 싶다고 했다. 나는 그를 찾을 것이며, 만약 원한다면 내 말이 되어도 좋다고 했다. 방문이 끝날 즈음, 나는 그에게 사랑한다고 말했다. 아버지는 생에 처음으로 "나도 너를 사랑한다."라고 말해 주었다. 아름다운 시간이었다. 나는 슬픔보다는, 그가 마침내 자신의 영적 본성과 연결되어 기뻤다.

1984년 12월, 여동생이 아빠가 돌아가셨다고 전화를 했다. 그의 영혼과 접촉했을 때, 그는 절망하고 두려워하며 외로워했다. 그는 완전한 어둠 속에 홀로 있는 영상을 보내 왔다. 그는 지상으로 되돌아오고 싶어 했으며 지금 있는 곳은 끔찍하다고 했다. 나는 그의 영혼이 스스로 만들어 내고 예상한 것을 겪고 있다는 것을 알았다. 나는 그에게 호피 인디언들을 포함해 그를 기다리는 훌륭한 존재들이 있으며, 만약 그가 빛을 향해 돌아서서 도움을 청한다면, 그들이 기꺼이 도와줄 것이라고 했다. 나는 그에게 스스로 영적 존재로서 자기를 완전히 인정할 때까지 지상으로 되

---

* 말의 한 품종으로, 세상에서 가장 아름다운 말이라고도 한다.

돌아오는 것은 좋은 생각이 아니라고 충고했다. 그러면 그는 같은 실수를 반복하게 될 것이기 때문이다. 그는 계속해서 그곳에 아무도 없다고 고집하며, 몇 주 동안 스스로 만들어 낸 어둠과 절망의 지옥 속에서 허우적거렸다.

아빠와 다시 접촉했을 때, 그는 영계의 의료 모임(집단)에서 호피 인디언들의 영혼과 함께 있었다. 그는 그들에게서 배웠고, 그들은 그를 돌보았다. 몇 달 뒤, 아버지는 내가 이른바 '천상의 알코올 중독자 자조 모임'이라 부르는 그룹을 졸업했다. 그들은 지상에서 아빠가 겪은 것처럼 자기 부정을 겪었고, 술병 속에서 영혼을 갈구했던 이들이었다.

수년에 걸쳐 아빠는 나와 간간이 소통했다. 때로 그는 내 삶에 간섭하려고 했다. 그러나 또 다른 때에는 좀 더 유쾌하게 온전한 영혼의 모습으로 나타나, 지상의 삶 동안 끝내지 못한 이슈를 해결하기 위해 나와 작업했다. 돌아가신 지 거의 20년이 되었을 무렵, 아빠는 나와의 상담과 영계에서의 진화의 시간을 모두 완수했다. 신의 은총과 나의 기도와 사랑의 대화에 힘입어 그는 윤회의 수레바퀴에서 벗어났다. 그는 개인으로 다시 환생할 필요가 없었다. 그는 '모든 것의 근원'과 함께 무한한 빛의 홍수 속으로 완전히 통합되었다.

내 엄마는 1992년 4월 세상을 떠났다. 그녀는 살아생전 심한 흡연자였고, 결국 폐기종과 폐암을 앓았다. 그녀는 자식들을 학대했다. 나는 엄마가 내게 했던 부정적인 행동들 때문에 마지막 17년간 그녀를 만나지 않았다. 더 이상 참을 수 없었기 때문이다. 직접 만나는 것은 견디기 힘들었기 때문에 나는 텔레파시로 접촉하며 사랑과 이해를 보냈고, 영적 차원으로 대화했다. 나는 또 엄마가 육체를 떠나 영계로 들어간 뒤에도 접촉했다. 아빠와 달리 엄마는 영혼의 실재를 믿었고 기도했다.

엄마는 평안에 이르기 위해 영계에서 해결해야 할 이슈가 많았다. 엄마는 스스로 용서하기 힘들어 했다. 자기혐오와 자식들에게 가했던 온갖 피해들 때문이었다. 그러나 엄마는 아빠처럼 어둠속에 있지 않았다. 그렇다고 자유로운 영혼으로 축복을 누리고 있는 것도 아니었다.

어느 날 내가 부모로부터 받은 학대와 어린 시절의 고통을 치유하고 있을 때, 엄마의 영혼과 연결되었다. 나는 그녀를 가슴에 안고 느리게 춤을 추었다. 나는 그녀에게 생전에 받지 못했던 사랑을 주었다. 나는 엄마의 살아생전 삶을 함께 들여다보았고, 그 과정에서, 엄마가 아이였을 때와 내 아버지에게서 받은 학대가 고스란히 드러나고 배출되었다. 나는 엄마 스스로 어렸을 때 받은 것과 똑같은 학대를 자행해 왔음을 알게 되었다. 그녀는 그런 방식에 갇혀 달리 행동할 수가 없었다. 나는 완전히 연민을 느꼈고, 엄마가 나와 다른 자식들에게 가했던 모든 고통에 대해 용서했다. 엄마에게 사랑을 보내는 동안, 나는 그녀의 영혼이 죄와 비탄과 고통의 짐에서 해방되는 것을 느꼈다. 그녀의 영혼은 확장되었고, 모든 축적된 인과응보의 빚으로부터 해방되었으며, '무한한 신과의 합일' 속으로 평화롭게 녹아들었다.

당신 역시 아직 방법을 확신할 수 없다 해도, 사망한 가족이나 다른 존재들과 대화할 수 있다. 조용히 하는 것으로부터 시작하자. 눈을 감고, 땅 위에 두 발을 느끼며, 떠나간 이들의 생전 모습을 그려 보자.

그 사람이나 동물이 당신과 바로 거기 함께 있다고 상상하라. 그들을 맞이하고 대화를 시작해 보라. 당신이 원하는 어떤 것이든 묻고, 가슴을 열고 그 대답을 수신하라. 스스로 느끼고 감정을 표현하라. 상상력이 당신을 이끌도록 하라. 정말로 죽은 가족과 대화하고 있는지 확신이 들지 않아도 좋다. 계속해서 당신이 사랑했던 죽은 이들에게 질문하고 그들의 답변을 받고 있다고 상상하라. 모든 질문에 대한 답을 한 번에 얻지 못할 수도 있다. 그러나 연결을 시도하고, 적어도 할 수 있다고 상상한 것만으로 자신에게 박수를 보내라. 대화하는 동안 있었던 일을 적고 싶을 수도 있다. 그러나 스스로 그 경험과 동화되도록 하라. 원한다면 또 다른 때에 영혼의 친구들과 접촉하며 대화를 시도해 보아도 좋다.

7장
죄책감과 비탄

동물들이 삶에 들어오면 우리는 모험과 배움과 사랑으로 가득 찬 여정을 시작한다. 그들은 우리 깊이까지 도달해, 설명할 수 없는 방식으로 우리를 변화시킨다. 우리의 사랑은 성장해 간다. 그리고 그들이 떠나자마자 우리는 길을 잃고 피폐해진다. 시간이 지나면서 우리는 그들과의 일들을 탐색하며, 의미를 알게 되고, 이 놀라운 존재들에 경외감을 느끼게 된다. 우리와 삶의 한 부분을 걷는 동안, 그들이 준 것은 얼마나 큰 영광인가!

― 바바라 쟈넬 Babara Janell

소중한 반려동물이 세상을 떠나면, 상황이 어떻든 간에 우리는 뼛속 깊이 상실감을 느낀다. 분노, 슬픔, 죄책감, 두려움, 부인하는 감정이 우리를 사로잡는다. 우리에게 많은 기쁨과 사랑과 즐거움과 심지어 깨달음까지 준 동물들을 잃을 때, 충격 받는 것은 당연하다. 캐시는 그녀의 경험을 전한다.

> 2002년 1월, 내 소중한 반려견 카이트 체이서(줄여서 KC)가 갑자기 병이 들어 죽었을 때, 나는 죽어 가는 과정과 서서히 파고드는 고통의 본질에 대해 더 깊이 이해하게 되었다. 나는 여전히 KC의 부재가 고통스럽다. 그러나 나는 이제 내 고통의 깊이가 그에 대한 사랑의 깊이의 반영이란 것을 안다.

위안과 궁극적으로 평화를 찾기 위해, 소중한 반려동물과 나누었던 행복뿐 아니라 어두운 감정들을 직면하고 받아들이고 표현해야 한다. 추도시나 이야기를 적고, 그들을 애도하는 미술작품이나 사진 콜라주를 하여, 당신의 동물을 사랑했던 다른 이들에게 보냄으로써 스스로 상실감을 다독이고 극복하고 해소해 나갈 수 있다. 친구들과 의례나 모임을 하고, 자조 집단에 참여하거나 비통 상담을 받는 것도 동물과 당신의 감정을 추모하며, 죽음을 삶의 일부로 수용하도록 배우는 일환이 될 것이다.

때로 죄책감과 슬픔은 너무 깊게 스며들어 극복하기 불가능한 것 같다.

샤론은 동물들이 얼마나 우리의 가슴 깊이까지 접촉하는지 표현한다.

사랑하는 누군가를 잃는 것은 항상 버겁다. 그러나 반려동물의 죽음은 종종 인간의 죽음보다 훨씬 더 깊이 영향을 미치기도 한다. 때로 반려동물은 우리의 가장 친한 인간 친구보다 더 소중해진다. 그들은 무조건적이고 엄청난 존재감으로 우리를 사랑해서, 그들의 죽음은 우리 가슴과 영혼의 가장 후미진 곳에 깊은 공허를 남긴다.

많은 반려동물이 무조건적인 사랑과 너무나 장엄하게 내려놓는 것을 가르치기에, 우리는 사랑하는 사람들에게서만 꿈꿔 왔던 것을 자주 그들과의 관계에서 경험한다. 동물이 죽을 때, 그 죽음으로 인한 슬픔 외에도, 삶에서 똑같은 방식으로 다른 사람에게서 사랑받을 수는 없다고 느껴지는 슬픔의 감정이 있다. 우리는 사랑하는 사람이나 친구들에게 감정을 분출하고 싶지만 그럴 수 없다. 그러면 그 사별의 고통은 우리가 일반적으로 이 세상에서 목격하는 사랑의 결핍에 대한 불특정한 비탄으로 나아간다. 동물의 부재로 모든 결핍들이 확연히 눈에 띄게 된다.

전반적으로 우리 사회는 죽음을 부정한다. 젊음이 숭배되고, 노인들은 집으로 급히 사라지며, 죽음이라는 주제는 거의 모든 사람에게서 꺼려진다.

동물의 전체 삶의 스펙트럼을 목격하게 되면, 우리는 스스로 유한성을 직면하며, 우리가 겪게 될 질병과 노화와 죽음을 가장 가까이서 일별하게 된다. 동물이 죽을 때 우리는 종종 죄책감을 느끼며, 그로 인해 슬픔은 배가된다. 내 소중한 동물을 위해 더 많은 것을 해야 했나? 왜 나는 일에 몰입해서 병을 알아차리지 못했을까? 내가 선택한 치료들이 동물을 더 고통스럽게 했나? 이러 저러한 많은 질문이 몇 주, 몇 달, 심지어 몇 년에 걸쳐 당신을 괴롭힐지도 모른다.

이성적으로, 동물로 인해 너무 많이 슬퍼하는 것은 타당하지 않다고 생각될 수 있다. 그러나 다른 존재와 공유한 모든 결속은 우리의 오라(aura)*와 에너지장을 강력하게 융합시켜서, 동물의 죽음으로 이 결속이 파괴되면 마치 몸이 찢겨지는 것처럼 느껴질 수 있다. 동물의 영혼과 좀 더 수월하게 연결되기 위해 우리는 먼저 이 에너지의 상처를 치유해야 한다.

동물의 평화와 인간의 죄책감

삶과 죽음의 순환에 대해 모든 것을 알 수는 없다. 반려동물의 죽음에 대해 자책하거나 죄책감을 가지는 것은 인간 본성의 일부거나, 적어도 문화적으로 조건화된 것 같다. 즉, 우리가 다른 존재의 삶과 죽음을 통제하고 있거나, 통제해야 하고, 또 죽음을 막을 수 있다고 가정하는 것이다.

트래비스와 카르멘은 집이 완전히 불타 버려 일부 동물들을 잃는 참담한 일을 겪었다. 가장 고통스러운 일은 어린 샴고양이 페이스를 잃은 것이었다. 불길이 타오르는 동안 트래비스는 닭과 말의 무리를 구하기 위해 무거운 야외 벤치를 밀어냈었다. 불길이 잡힌 뒤 다른

---

* 각 생명체 본연의 독특한 분위기와 영적 에너지. 한국말로 '아우라'라고들 한다.

동물들을 찾아보러 돌아왔을 때, 페이스는 벤치 아래에 죽어 있었다. 트래비스는 자신이 고양이를 죽였다고 생각했고 스스로를 용서하기 힘들었다. 몇 주 뒤, 그는 이 문제로 나와 상담하게 되었다.

페이스와의 접촉은 놀라웠다. 그녀는 빛나고 거대한 영혼으로 검게 탄 대지 위에 자리를 잡고 큰 에너지장을 창조해 나무와 다른 식물들이 자라도록 도왔다. 카르멘은 그들과 이웃들의 토지가 모두 불에 탔는데, 이웃의 나무들은 생명의 징후가 보이지 않는 데 반해, 자신들의 토지에 나무와 식물들은 이미 새싹을 틔우고 있어 놀랐다고 했다. 페이스는 땅을 복원하고 집들을 재건하는 일을 다 마치면 샴고양이로서 다시 반려 가족에게 돌아올 것이라 말했다. 그녀는 또 자기의 죽음은 직접적으로 트래비스 때문이 아니라고 했다. 그녀는 쇼크 상태였고, 연기와 불길에 고통스러워 벤치 아래 숨었다. 그러다 벤치의 타격을 받고 즉사했다. 그녀의 죽음은 느리지 않았다. 그녀는 그 사건에 대해 어떤 나쁜 감정도 없었다.

페이스의 이야기는 동물들이 사후에 어떻게 느끼는지 알게 되면, 우리가 감정을 받아들이고 평화를 발견하는 전체 과정에 엄청나게 도움이 될 수 있다는 것을 예시한다.

동물의 슬픔으로 인간의 비탄은 배가 된다

때로 우리의 비탄과 죄책감은, 동물들이 그들의 삶을 완결하는 데 필요한 식의 죽음과 시기를 누리지 못한 데 대해 느끼는 슬픔으로 인해 더욱 가중된다. 정서적 고통을 완화하기 위해 전문적인 상담이나 죽은 동물과 대화하려는 도움이 필요하다.

타냐는 최근 반려견 수키의 안락사에 고통스러워하며 내게 전화했다. 12살의 노령견이었던 수키는 코에 암이 있었고 수의사는 안락사를 시키라고 조언했다. 타냐는 수키가 죽고 싶어 하지 않는다고 느꼈지만, 스스로 자포자기했다.

내가 수키의 영혼과 접촉했을 때, 그녀는 슬퍼하며 여전히 타냐의 주위를 맴돌고 있었다. 그녀는 삶을 정서적으로 마무리하는 데 2주간의 시간이 더 필요했고, 자신이 몸에서 억지로 떼어내진 것 같다고 했다. 수키는 나와 대화하며 편안해졌다. 처음 그녀는 타냐와 몇 주 더 머무르며 삶을 마무리할 때까지 떠날 수 없다고 여겼다. 그러나 타냐가 수키와의 대화를 경청하고 이해하자, 그녀는 영적으로 아름다운 푸른빛으로 변화되었고, 그 빛은 그녀가 다른 차원으로 들어 올려질 때 찬란한 태양광 같은 흰빛으로 변했다. 수키의 영혼으로의 이행은 완벽했다. 그녀는 타냐의 수호천사가 되었다. 타냐는 자신의 체험을 내게 적어 보냈다.

당신과 대화한 뒤 전화를 끊고, 햇빛이 드는 방으로 들어갔어요. 수키는 낮 동안 그곳에서 햇볕을 쬐곤 했죠. 태양은 채광창을 통해 비쳐 들었고, 내가 그녀와 함께하려 시도하며 하늘을 올려다보았을 때, 거대한 구름이 그녀의 얼굴 형상이 되었어요. 수키의 귀가 있었던 곳에 거대하고 폭신폭신한 날개들이 있었고, 무언가 식별하기 힘든 존재들이 에워싸고 있었어요. 구름은 몇 분 만에 흩어졌어요. 내가 무언가를 보았든 아니든, 나는 그녀를 느꼈고 울고 또 울었어요. 저는 마침내 그녀를 떠나보낼 수 있었습니다. 그건 정말이지 자유롭고 사랑으로 충만한 경험이었어요.

🐾

냅시는 이틀 전 엄마의 고양이 사라를 안락사시켜 괴로웠다. 그리고 애니멀 커뮤니케이터 트리시아 하트에게 도움을 청했다. 트리시아가 이야기를 전한다.

냅시는 삶이 얼마 남지 않은 아픈 엄마를 돌보았다. 그녀는 엄마를 잃어가는 힘든 시기에 고양이 사라를 감당하기 버거웠다. 사라가 병이 들고 수의사가 안락사를 제안하자, 냅시는 그것이 최선이라 결정했다. 그러나 후에 고양이가 준비되기도 전에 안락사를 시킨 것 같아 걱정되었다.

나는 고양이 사라와 접촉했고, 그녀가 어떻게 지내는지, 또 안락사된 상황에 대해 어떻게 느끼는지 물어보았다. 사라는 저승에서 자신을 발견하고 놀라고 혼란스러웠다고 했다. 그녀는 떠날 준비가 되어 있지 않았고, 처음에 무슨 일이 일어났는지 알지 못했다. 사라는 일어나 두리번거리면서, 커다란 눈으로 머리를 흔들며 자신이 어디에 있는지 알아차리려 애쓰는 이미지를 내게 보내왔다.

사라는 아픈 헬렌(냅시의 엄마)이 세상을 떠나는 동안 함께 있지 못해 자책했다. 그것이 자신이 지상에 머무르기 원했던 이유였기 때문이다. 그러나 사라는 재빨리 냅시에게 괜찮다고 전해 달라고 했다. 사라는 자신의 상황에 적응했고, 헬렌을 영적 차원에서 돕게 되어 행복하다고 했다. 사라는 이미 일어난 일에 대해 낸시가 안 좋은 감정을 가지기를 원치 않았다. 결정은 내려졌고, 주사는 주입되었고, 변화될 수 없는 일에 감정 상해 하며 시간을 보낼 이유는 없었다.

낸시는 사라와의 대화로 다소 안도하는 것 같았다. 엄마를 잃는 심적 부담이 컸지만, 사라에 대한 걱정을 내려놓으면서 좀 더 잘 대처할 수 있게 되었다.

동물들은 그들의 죽음이 놀랍거나 혼란스럽다 해도, 대개 반려인들과 연결되기를 원하며 자신들의 죽음과 관련된 내용들을 완전히 이해하고 용서한다. 이것을 알게 된다면, 당신은 동물들의 죽음의 과정 동안 적절히 행동하지 못한 데 대한 죄책감을 내려놓을 수 있을 것이다.

인간의 비탄은 동물이 떠나는 데 방해가 될 수도 있다

때로 인간의 슬픔과 동물의 육체에 대한 집착으로 이미 죽은 동물이 영계에서 완전히 자유로워지는 데 방해가 될 수 있다.

메리 앤은 그녀의 강아지 골든리트리버 진저가 죽은 뒤, 비통한 감정에 대해 상담을 받기 위해 애니멀 커뮤니케이터 캐서린에게 연락했다. 캐서린이 그 경험을 설명한다.

나는 진저가 영계에서 새로운 환경에 융화되지 못하고 있다는 것을 알게 되었다. 메리 앤의 슬픔이 그녀를 잡고 있었기 때문이다. 우리는 메리 앤이 진저의 삶을 추모하며, 그녀를 쉬도록 놓아줄 방법을 의논했다.

두 번째 상담 후, 나는 진저가 새로운 영적 삶에 적응해 가고 있으며, 병원에 있는 아이들을 위한 영혼 치료 도우미견이 되기 위해 준비하고 있다는 것을 알게 되었다. 그녀는 그 일이 즐거울 것이라 확신했다. 메리 앤은 여전히 상실감으로 슬펐지만, 진저를 떠나보낸 노력이 보상 받는 것 같아 기뻐했다.

며칠 뒤, 진저는 내 꿈에 나타났다. 그녀는 뒷다리로 서서 오른쪽으로 한두 발자국, 그리고 다시 왼쪽으로 스텝을 밟으며 느리고 섬세하게 춤을 추었다. 그녀는 앞 발가락을 마치 손가락처럼 두드리며 박자를 맞추었다. 그녀는 좋은 춤 스타일과 리듬감을 지녔다. 나는 그것이 진저가 잘 지내고, 힘을 회복하고 있으며, 스스로 즐기고 있다고 메리 앤에게 보내는 메시지라는 것을 이해했다. 메리는 자신과 남편이 진저와 자주 춤을 추었고, 그래서 진저가 함께했던 활동을 분명히 인지하고 춤추는 법을 잊지 않았음을 보여 주는 것이라고 했다.

메리는 더 이상 나와 상담할 필요가 없었다. 그녀는 몇 달 뒤 새로운 강아지를 삶에 받아들일 수 있었다.

이것으로부터, 우리는 비통의 과정을 극복하고 이를 위해 어떤 도움이든 받는 것이 얼마나 중요한지 배울 수 있다. 그것은 당신 자신뿐 아니라 동물이 그들의 길을 나아가도록 돕기 위해서이다.

슬픔 극복하기

우리 스스로 동물을 잃은 상실감을 치유할 수 있는 다양한 방법이 있다. 애니멀 커뮤니케이터 바바라 쟈넬은 고객의 슬픔을 다음과 같은 과정으로 다룬다. 사람들에게 그들의 동물에 대해 말하게 하고, 그 이야기들을 탐색하며, 동물들이 선사한 놀라운 선물을 깨닫도록 하는 것이다. 친구에게 말하거나 아래 질문에 답을 적어 봄으로써 스스로 시도해 보자.

🐾 동물의 이름을 말하고, 모습을 묘사해 보세요.

🐾 동물이 어떻게 죽었는지 간단히 말해 보세요.

🐾 그 동물이 어떻게 당신에게 오게 되었나요? 동물이 온 것은 우연이 아니며, 그때 그런 식으로 나타나게 되어 있었다는 것을 깨닫게 될 수 있습니다.

🐾 그들이 당신을 웃게 했던 일에 대해 말해 보세요.

🐾 그들이 당신을 화나게 했던 일이 있었나요?

🐾 당신들은 어떤 모험들을 함께했나요?

🐾 그 동물은 당신 삶의 어떤 부분을 함께했나요?

❧ 동물이 당신에게 가르친 것은 무엇인가요?

❧ 동물의 특징을 짧은 단어나 문장으로 묘사해 보세요. 각 설명 앞에 "나는"이라고 넣어 보세요. 그러면 그 동물이 얼마나 당신을 반영하고 있는지 알게 될 것입니다.

❧ 동물을 당신의 마음과 정신으로 초대해 보세요. 그리고 당신 앞에 있는 동물을 보세요.

❧ 동물에게 알려 주고 싶은 것이 있다면 무엇이든 말하세요. 그리고 그들에게 감사하세요.

❧ 동물이 답례로 주는 무엇이든 받아들이세요.

❧ 나중에 밖으로 나가 밤하늘을 바라보세요. 종종 하나의 별이 두드러지게 눈에 띄며 그 동물의 짙은 영혼의 느낌이 느껴질 것입니다.

동물의 관점에서 그들의 죽음을 받아들이기

케이트는 친구의 허스키 울프 믹스견 로이에 대해 말하며 극도로 화가 나 있었다. 그 개가 자신의 고양이 쉴리를 죽였기 때문이다. 사건은 케이트가 자신의 집에서 개를 봐주는 사이 일어났다. 케이트는 로이와 놀아 주고 집을 청소하러 들어갔다. 그리고 다시 확인하러 나왔을 때, 로이는 쉴리를 물려고 하고, 쉴리는 판자 더미 꼭대기에서 개를 할퀴고 있었다. 케이트는 개를 쫓아낼 수 없어서 쉴리의 뒷덜미를 거머쥐었지만, 로이는 쉴리의 배를 덥석 물어 손에서 끌어냈고, 고양이가 생명을 잃을 때까지 흔들어 댔다. 케이트는 물건을 던져 로이를 멈추려 했으나 결국 발로 차고 나서야 고양이를 떼어낼 수 있었다. 그러나 때는 너무 늦었다. 케이트는 개가 고양이의 사체를 먹으려 했다고 느꼈다.

그녀는 참담했고, 내게 쉴리에게 미안하다고 전해 달라고 부탁했다. 그녀는 로이에게도 그가 무엇을 잘못했는지, 그리고 이제 다른 고양이들 때문에 더는 자신의 집에 방문할 수 없다고 전해 달라고 했다.

동물들은 누군가 대신하지 않아도 당신의 대화를 알아들을 수 있다. 그러나 마음이 너무 심란하면, 대화를 주고받기 힘들 수 있으므로 도와줄 중재자를 두는 것이 도움이 된다. 내가 쉴리를 확인했을 때, 그녀는 케이트에게 다음의 메시지를 전했다.

가장 사랑하는 친구에게
나는 평화로워요. 나는 모든 것이 하나인(oneness) 아름다운 곳에 있어요. 이곳에서 새들은 즐겁게 노래하고, 하늘은 푸르며, 태양은 따뜻하고, 공기는 싱그럽고 좋은 냄새로 가득하며, 모든 것들이 너무나 평화로워요. 이곳에는 고양이와 개들의 영혼과 다른 크고 작은 동물들과 사람들도 많아요. 우리는 모두 서로에게 투명합니다. 우리는 서로의 본질을 꿰뚫고, 우리가 원하는 방식으로 함께할 수 있어요. 위험이나 고통, 좌절과 오해는 없어요. 실로 이곳은 모두가 순수한 조화로움 속에 거하는 천국입니다. 지상에서의 최상의 상태와도 같지요.

내가 육체에서 영혼으로 이행하는 것을 막기 위해 당신이 할 수 있는 일은 없었어요. 로이와 나는 처음 보았을 때부터 서로에게 고착되었어요. 우리는 서로에게 자석처럼 끌렸고, 둘이 함께 이루어야 할 무언가가 있다는 것을 알았어요. 처음 당신이 나를 구하려 하고, 그가 내 몸을 낚아챌 때는 무서웠어요. 그러나 나는 즉시 몸에서 튕겨 나갔고, 이전에는 전혀 알지 못했던 기쁨과 자유를 느꼈어요. 나는 멀리서 그 장면을 지켜보았어요. 그것은 마치 독수리의 시야로, 하늘 높이에서 한 편의 영화를 보는 것 같았어요. 나는 큰 선물을 받았다는 걸 알았어요. 육체가 쇠해 가는 느린 죽음을 겪지 않아도 되니까요. 나는 신속하고, 완벽히 평화롭게 내 영혼이 속하는 장소로 이동했어요.

내 죽음으로 당신이 고통 받고 스스로 탓하는 것 같아 유감입니다. 그러나 나는 떠나게 되어 있었어요. 로이와 나의 동기와 행위를 오해하지 말아 주세요. 그것은 우리의 조약이자 실천이었습니다. 그를 나쁜 개로 생각하지 마세요. 그는 나와의 관계에서 그의 본성대로 행동했을 뿐이에요. 저 역시 제 행동으로 그의 사냥 본능을 자극했어요. 그것은 모두 영혼으로의 신속한 이행을 위해 완벽하게 전개되었어요. 부디 이해해 주세요. 그는 흥분했고, 저는 고양이로서 제 본성과 행동으로 그렇게 만들었어요. 그의 나의 일부가 되고, 나는 그는 일부가 되도록 예정되어 있었어요. 이제 우리는 완전히 하나입니다. 우리는 가장 깊은 영적 수준으로 그것을 느끼고 이해합니다.

나는 당신이 고통을 가져오는 '오해' 대신, 평화를 가져오는 '수용'을 하게 되기를 소망합니다. 사랑합니다. 그리고 지상에서 우리가 함께 했던 태양 아래 멋진 삶에 감사드립니다. 그 모든 것이 지금 내게는 너무나 완벽해 보입니다. 나는 이제 내가 어떻게, 왜 살았는지 그리고 영혼의 고향으로 되돌아오는 완성을 정확히 이해합니다. 모든 것은 잘되었어요. 그러니, 당신 역시 그러하기를 바랍니다. 내가 지금 느끼는 이 평화가 당신에게도 함께하기를 소망합니다.

나는 그 사건에 대해 로이도 확인해 보았다. 그는 케이트의 상처와 자신을 향한 분노를 느끼며 그녀의 좌절에 슬퍼했다. 내면 깊이에서 그는 무리의 규칙에 따라 사람들과 함께 살고 싶은 본성이 있었지만, 한편 사냥하고 싶은 본능도 느꼈다. 그것은 그의 종에게는 자연스러운 것이었다. 로이는 평소에는 다른 동물들을 사냥하거나 죽이려는 충동을 드러내지 않았다. 그의 삶은 대체로 인간에 의해 구조화되어 그러한 본능이 일깨워지지 않았기 때문이다. 그러나 그 사냥의 유희에서 그는 쉴라에게 집중했고 흥분했다. 너무나 강한 에너지가 그를 추동해 고양이를 낚아채 죽이게 했고, 결국 그 몸을 소화함으로써 하나가 되도록 했다. 그는 또 내면 깊이에서 그와 그녀가 이 역할을 하도록 예정되었다고 느꼈다. 로이는 케이트가 너무 상처를 받아 미안했고, 그래서 그녀가 고양이들 주변에 오지 못하게 하는 것을 받아들였고, 그의 행동이 매우 잘못된 것임을 느끼고 있었다. 로이 자신도 이와 같은 일이 다른 고양이들에게 되풀이되지 않으리라 확신할 수 없었다. 그 모든 일이 그에게도 너무 순식간에 일어났고 되돌릴 수 없었기 때문이다. 나는 로이를 사랑스럽고 활기차고 지적인 개로 느꼈다. 그에게 악의적 의도는 없었다. 그와 쉴라가 말했듯이, 그는 그저 그들의 합의된 의도와 행동에 따랐을 뿐이었다.

이 예와 다음의 이야기는, 우리가 아무리 반려동물에게 모든 것이 '완벽'하기를 바라더라도, 그들은 때로 우리가 원하는 것과 정반대로 놀라운 방식으로 자신들의 삶과 죽음을 계획한다는 것이다. 우리가 모든 것을 통제할 수는 없다.

🐾

토니는 고양이 미카엘라가 태어난 지 며칠 되지 않았을 때부터 우유를 먹여 키워 목숨을 구해 주었다. 이로 인해 둘 사이에는 엄청난 결속감이 있었다. 그러나 그들이 이 땅에서 함께한 시간은 몇 년밖에 되지 않았다. 미카엘라가 비극적으로 죽었기 때문이다. 미카엘라가 죽은 지 수년이 지났고, 상담을 통해 고양이가 죽은 방식에 대해 죄책감과 고통을 다루었음에도, 토니는 상실감으로 몹시 괴로웠다. 그녀의 상담자는 미카엘라와의 대화가 토니에게 위안이 될 것이라 여겼다. 결국 토니는 애니멀 커뮤니케이터 손디에게 전화해 도움을 요청했다. 손디는 토니와 미카엘라와의 상담에 대해 전한다.

> 미카엘라는 내 의식 속으로 불쑥 들어왔다. 그녀는 무한한 에너지를 가진, 작은 점박이 새끼 고양이로 보였다. 그녀는 질문했다. "토니에게는 무엇이 그렇게 오래 걸리는 거죠?" 미카엘라는 토니가 치유되기를 원하며, 자신이 죽은 것에 대해 그녀에게 화나지 않았다고 알려 주기 원했다.
>
> 미카엘라는 토니가 성장하고 마음을 열도록 돕기 위해 왔으며, 그녀가 다시 웃도록 가르쳤다고 했다. 그리고 아마도 다른 모습으로 다시 돌아올 것이라고 했다.

"나는 다른 모습을 시도해 볼 거예요. 나는 모험을 좋아하거든요."
토니는 작은 미카엘라가 항상 모험을 좋아했다고 확인해 주었다.

미카엘라는 내게 자신이 영혼의 영역에서 어디에 있는지 보여 주었다. 그곳은 아름답고, 햇살이 풍부하며, 목초지에는 꽃과 나비들이 가득했다. 미카엘라는 햇살을 사랑했지만, 지상에서는 충분한 빛을 받지 못했다고 했다.

토니는 자신이 얼마나 열렬히 그녀를 사랑하고 그리워하는지 말했다. 그리고 미카엘라가 가르쳐 준 사랑에 무척 감사해 하고 있음을 전하고 싶어 했다. 미카엘라는 이미 알고 있으며, 자신은 항상 토니와 바로 그곳에 있었다고 했다.

미카엘라가 말했다 "엄마, 나를 느끼지 못하나요?" 토니는 느끼지 못했다. 그러나 미카엘라는 그녀를 지켜보며 그곳에 있었다. 미카엘라는 이제 토니가 자신을 떠나보내야 한다고 했다. 자기의 죽음에 대해 죄책감이 너무 컸기 때문이다. 나는 그녀에게 무슨 일이 있었는지 물어보았다.

토니는 이사 중이었고, 미카엘라를 안전하게 욕실에 가두어 두었다고 생각했다. 그래서 몇 가지 큰 가구들을 집 밖으로 옮기는 동안, 현관문을 받침대로 열어 두었다. 그러나 욕실 문은 완전히 닫혀 있지 않았고, 미카엘라는 문을 열 수 있었다.

그녀는 욕실을 벗어나 열린 현관문을 통해 과감히 밖으로 나갔다. 그때, 이웃집 개 두 마리가 자신들의 마당을 탈출해서 토니의 마당으로 쳐들어왔다. 토니는 그녀를 돕기 위해 달렸고, 개들을 막아 내려 애썼으나 개들은 광란 상태였고 토니를 공격했다. 그녀는 미카엘라를 겨우 끌어냈으나 개들은 다시 물었고, 그것으로 끝이었다.

토니는 항상 미카엘라를 끌어내자마자 집안으로 달려오지 않은 것을 실수라고 여겼다. 토니는 개들을 마당에서 내쫓으려 하는 동안 고양이를 담장 기둥 위에 올려두었기 때문이다. 토니는 미카엘라를 구할 기회를 놓쳐 소중한 고양이를 잃었다고 여겼다.

그러나 미카엘라의 관점에서 토니는 잘못한 게 없으며, 일어난 일은 토니의 잘못이 아니었다. 나는 미카엘라에게 그 밖에 그녀의 죽음에 대해 더 말하고 싶은 게 있는지 물어보았다.

"나는 두려움을 몰라요. 그리고 엄마에게도 두려워하지 말라고 가르칠 겁니다. 나는 그녀가 매우 안 좋게 느끼고 있는 것을 알고 있어요. 그러나 그건 토니의 잘못이 아니에요. 나는 떠날 시간이었어요. 만약 스스로 탓하는 것을 멈추지 않으면, 토니는 절대 치유되지 못할 겁니다."

미카엘라는 또 개가 마지막으로 공격했을 때 그녀의 영혼은 육체를 떠났으며, 공격의 고통을 피할 수 있었다고 보여 주었다. 1분간 그녀는 몸 안에 있었다. 그러나 다음 순간 그녀는 떠났다.

토니는 미카엘라를 담장 기둥 위에 올려놓았을 때, 만약 여전히 살아 있었다면 왜 뛰어내려 안전한 곳으로 도망가지 않았는지 항상 궁금해 했다. 미카엘라는 그때가 자신이 떠날 시간이었다고 답했다. 토니 역시 미카엘라가 죽었을 때, '급하강하는 새'라고밖에 표현할 수 없는 무언가를 보았다고 했다.

그녀는 미카엘라가 그 어떤 것보다 큰 기쁨을 열어 주었다고 했다. 미카엘라는 토니에게 기쁨은 언제나 가능하다는 것을 알려 주었다. 미카엘라는 무엇인가 일어나기를 기다리거나, 어떤 것이 달라지기를 바라지 않았다. 그녀는 삶에서 매일매일 즐거움을 경험했다. 햇빛

속에서, 나비를 쫓으면서, 풀밭을 구르면서 그리고 그녀가 했던 모든 것들 속에서…….

나는 미카엘라에게 왜 그때 떠나기로 선택했는지 물었다.

"가장 큰 슬픔을 알 때까지 진정한 기쁨을 알 수 없어요." 그녀는 말했다. "나는 토니에게 슬픔을 보여 주지 않고, 기쁨에 대한 것만 가르쳤어요. 나의 임무, 삶에서 나의 일은 사람들에게 그것을 가르치는 것입니다. 나는 토니를 위해서 그렇게 했고, 이제 다른 이들을 깨우쳐야 합니다."

미카엘라는 계속 말했다. "우리의 결속은 토니가 여태까지 경험한 그 무엇보다 더 깊고 특별합니다. 토니와 함께한 사랑은 그녀에게 더 넓게 열리는 문이 되어야 해요. 지금 그녀의 가슴속에는 너무나 많은 사랑이 있어요. 그것을 다른 많은 이들에게도 나누어 주어야 합니다."

토니는 미카엘라와 더 빨리 접촉하지 않았던 이유가 자신에게 화가 나 있을까 봐 두려웠기 때문이라고 했다. 토니는 죄책감과 원망에 너무 몰입되어서 미카엘라의 영혼이 항상 그녀 곁에 있으며 여전히 자신을 가르치고 있다는 걸 깨닫지 못했다. 이제 토니는 안심했다. 미카엘라가 스스로를 용서하며, 더 나아가 자신으로부터 배운 기쁨을 퍼트리기 원한다는 것을 알았기 때문이다.

미카엘라는 토니가 항상 불러 주었던 것처럼, 짧은 노래를 부르며 우리의 상담을 마쳤다.

"미카엘라, 미카엘라, 나는 항상 당신의 미카엘라일 거예요~~!"

우리는 죽음을 통제할 수 없다

나는 우리와 가족을 이룬 몇몇 오리에게서 죽음의 본질 그리고 우리가 죽음의 대리인이 될 수는 있어도 다른 이의 죽음을 통제할 수는 없다는 생생한 교훈을 배웠다. 나는 이 이야기를 상세히 전하겠다. 삶과 죽음의 순환에 관해 많은 양상을 예시하기 때문이다.

내 첫 번째 새끼 오리였던 막시밀리안과 마리골드는 둘 다 수컷이었다. 마리골드는 자라면서 다소 초연해졌고, 어느 날 더는 이곳에서 살고 싶지 않으며 떠날 것이라고 통보했다. 나는 그저 인정했다. 그가 그것에 대해 더 말하고 싶어 하지 않았기 때문이다. 1주일 뒤, 마리골드는 너구리에게 죽었다. 그리고 나는 그가 육체를 떠나 다른 곳에 거하기로 결정했다는 것을 이해했다.

우리의 암컷 아프간하운드 라나는 가족 내 닭들과 오리와 다른 동물들의 훌륭한 수호견이었다. 그녀는 훌륭한 솜씨로 시종일관 포식자들을 다가오지 못하게 했다. 라나는 밤사이 너구리가 마리골드를 죽였다는 걸 알고 당황했다. 그녀는 믿기 힘들어 했다. 나는 마리골드가 떠나기를 원했고, 그것은 그의 선택이었다고 설명했다. 그러나 라나는 그 일을 심각하게 받아들였다. 그날 밤, 그녀는 막시밀리안 곁을 지키며, 야생동물이 접근하기만 하면 종과 상관없이 짖어 댔다.

막시밀리안과 나는 마리골드가 죽은 이후 더욱 가까워졌다. 그러나 그가 나에게 짝짓기를 시도하는 바람에 암컷 반려 오리가 필요하다고 결정했다. 성숙한 암컷 오리 마림바가 도착했을 때 그는 첫눈에 사랑에 빠졌다. 막시밀리안은 열정적으로 그녀와 짝짓기를 했고, 매우 헌신적으로 그녀를 돌보고 사랑했다.

막시밀리안은 다른 동물이 접근하지 못하도록 마림바를 지켰다. 특히 그의 공격은 라나를 향했다. 그는 라나가 평화롭게 잠들어 있을 때조차 달려들어 물었다. 나는 그러지 못하도록 상담했다. 라나는 오리들의 보호자이지 공격할 만한 존재가 아니었기 때문이다. 그러나 막시밀리안은 내 말을 듣지 않았다. 라나는 그의 공격을 참아 냈고, 반격하기보다는 그의 주변에 있는 것을 피하려 애썼다. 그러나 라나는 항상 막시밀리안 때문에 놀랐고, 나중에야 알게 되었지만 라나는 그의 공격에 분노하고 있었다.

어느 주말, 전남편과 나는 마을을 떠났고 집을 봐 주는 분에게 집안일을 맡겼다. 밤에 돌아왔을 때 막시밀리안은 평소처럼 우리를 부르지 않았고 어디에서도 보이지 않았다. 나는 그때는 아무에게도 묻지 않았으나, 라나가 다소 조용하다는 점은 눈치챘다. 다음 날 아침, 나는 마당에서 목이 부러져 찢어진 채 죽어 있는 막시밀리안의 사체를 발견했다. 라나는 막시밀리안의 공격에 진저리가 났고 결국 반격한 것이다. 우리는 모두 충격 받았다. 막시밀리안은 훌륭한 대화 상대로, 우리 모두에게 특별했다.

며칠 동안 마림바는 구슬피 긴 울음을 토해냈다. 라나 역시 자신이 한 짓에 가슴 아파하며 아무것도 먹지 않았다. 우리는 지독히 그가 그리웠다. 막시밀리안과 접촉했을 때 그는 화가 나 있었다. 그는 되돌아와 마림바와 함께 있고 싶어 했고, 그의 삶이 그렇게 짧게 끝나 버린 것에 분개했다. 때는 12월이었고 새끼 오리가 태어날 시기가 아니었다. 그래서 그는 곧바로 같은 종으로 환생해서 돌아올 수가 없었다. 그는 영혼의 상태로 배회하며 마림바를 돌보았다. 그러나 마림바는 그저 똑같이 외로울 뿐이었다.

나는 막시밀리안이 봄에 오리 산란기까지 돌아오기로 선택한다면, 그가 올 때까지 마림바가 함께 지낼 수컷 오리를 찾아야겠다고 결심했다. 나는 몇몇 집오리들이 인근의 강가에서 모여 살아가고 있는 것을 알았고, 그들에게 가 마림바와 함께할 수컷 친구가 필요하다고 설명했다.

관심이 가던 한 수컷이 앞으로 나와 가까이 다가왔다. 그러나 또 다른 수컷이 그에게 소리쳤다. "위험해. 그녀가 너를 낚아챌 거야! 조심해." 내가 선택한 수컷은 놀라서 서둘러 강가 무리에게 돌아갔다. 나는 그에게, 함께 가고 싶으면 다음날 그를 데리고 갈 케이지를 가지고 다시 오겠다고 했다. 다음 날 그는 자진해서 다가왔고, 케이지에 넣을 때 순순히 허락했다. 집으로 오는 길에 그는 자신을 제로니모라고 불러 달라고 했다.

마림바는 제로니모에게 매력을 느끼지 못했다. 그녀의 첫 말은 그가 막시밀리안이 아니라는 것이었다. 그가 짝짓기하도록 허락하기까지 몇 주가 걸렸지만, 점차 그들은 좋은 친구가 되었다. 막시밀리안은 이제 마림바의 새끼오리 중 하나로 봄에 되돌아올 계획이었다. 마림바는 둥지를 틀었다. 그러나 그녀가 먹이를 먹거나 목욕하기 위해 매일 잠깐씩 둥지를 떠날 때, 우리의 개들이 항상 어떻게든 둥지를 찾아내 알들을 먹어 버렸다. 그녀는 개들이 닿을 수 없는 케이지 안에 둥지를 트는 걸 싫어해서 새끼를 낳으려는 시도는 성공하지 못했다.

해가 지나고, 막시밀리안은 접촉은 되었지만 되돌아오지 않았다. 그해 겨울 제로니모는 불안해 했다. 그는 소심한 동료에서, 사람이나 개나 고양이나 근처에 다가오는 누구에게든지 덤벼드는 공격적인 녀석으로 변했다. 제로니모는 행복해 하지 않았다. 그는 강가의 야생으로 되돌아가고 싶어 했다.

어느 날 그는 마림바와 함께 강으로 다시 데려가 달라고 고집했다. 나는 마림바에게 그와 가고 싶은지 아니면 우리와 남고 싶은지 물었고, 그녀는 개울에 가는 것은 두려우며 이곳에 머물고 싶다고 했다. 그때 제로니모는 내가 여태껏 보지 못한 행동을 했는데, 전에 막시밀리안이 마림바에게 했던 행동이 떠올랐다. 그는 마림바의 목과 얼굴을 비비며 함께 갔으면 좋겠다고 했다. 그리고 그녀는 동의했다.

나는 다음 날까지 기다렸고, 그날은 오리들을 방사하기에 완벽한 날씨였다. 비가 왔고, 나는 사람들이 좋은 날씨에 그러듯이 개를 강가 근처에서 산책시키지 않을 것으로 생각했다. 제로니모가 예전에 있었던 강을 따라 그들을 한 장소에 데려갔을 때 비가 세차게 내렸고 주변에는 아무도 없었다. 완벽하군! 나는 생각했다. 마림바는 야생에 익숙해지며 평화로운 시간을 보내 될 것이었다.

제로니모는 몹시 기뻐하며, 그 익숙하고 깊고 넓은 강으로 뒤뚱뒤뚱 걸어 들어가 재빠르게 강 한가운데로 수영해 갔다. 마림바는 주저했지만 그를 따라갔다. 그들은 약 1분 정도 물속에 있었다. 그때, 믿을 수 없는 일이 벌어졌다. 검은 래브라도 리트리버가 갑자기 나타나 강물을 향해 달렸고, 오리들을 쫓아 뛰어들었다. 나는 공포에 얼어붙어 해안가에 무기력하게 서 있었다. 마림바와 제로니모는 무거운 집오리였고, 날기에는 적합하지 않았다. 마림바는 펄럭이며 먼 해안가에 높이 나 있는 잡초를 향해 뛰어들었다. 그리고 개가 수영하며 그녀를 쫓을 때 사라져 버렸다. 그러자 개는 제로니모를 쫓았다. 그러나 제로니모는 날개를 펄럭이며 빠르게 강 하류로 수영했고, 개는 어느 정도 쫓다가 포기했다.

나는 마림바를 찾았다. 직감적으로 무슨 일이 일어났는지 알 것 같았다. 사력을 다해 도망치다가 그 충격으로 심장이 터져 버린 것 같았다. 강은 너무 넓고 깊어서 우리는 반대편에 이를 수 없었고, 사체도 찾을 수 없었다. 개가 떠난 뒤에 제로니모가 돌아와 마림바를 찾았다. 그는 마림바를 찾으며 계속 꽥꽥댔으나, 마림바는 대답이 없었다. 잠시 후 그는 그녀가 죽은 것을 알고 강 하류로 되돌아갔다. 그곳에는 그가 이미 알고 있던 다른 집오리 무리가 있었다.

나는 내가 마림바를 죽였다고 느끼며 집으로 돌아왔다. 어쨌든, 그녀는 정말로 가고 싶어 하지는 않았다. 그러나 제로니모가 그녀를 설득했다. 혹은… 정말로 그랬을까? 나는 한 시간 뒤, 마림바를 찾으러 다시 그곳으로 갔다. 그녀의 죽음에 대해 내가 잘못 느꼈을 수도 있으니까. 나는 그 자리로 되돌아가 메시지를 수신했다. 그리고 그 메시지는 전체 사건에 대한 내 인식은 완전히 바꾸어 놓았다.

나는 무슨 일이 있었는지 확인하고, 그녀가 어떤지 알아보기 위해 마림바와 연결되려 애썼다. 그러나 막시밀리안이 대신 들어와 말했다. "당신은 정말로 누군가의 운명을 통제할 수 있다고 생각하나요? 내가 마림바와 함께 있기 위해 그녀를 불렀어요. 우리는 함께하기로 의도했고, 그녀의 때가 왔습니다. 당신이 정원에서 제로니모와 함께 강가로 가고 싶은지 물었을 때, 내가 제로니모의 몸을 통해 행동했고 그녀를 비비며 함께 가자고 했어요. 그리고 나는 그녀가 육체에서 놓여나 나와 함께하게 될 것이라는 걸 알았어요."

나는 마림바의 영혼이 막시밀리안과 함께 있는 것을 알아차렸다. 여전히 사건에 충격 받은 상태였지만, 그녀는 막시밀리안과 함께 있어 행복해 했다. 그는 그녀를 돌볼 것이며, 이제 지상으로 되돌아갈 필요가 없다고 했다.

나는 겸허해졌다. 세상을 떠날 시기가 오면, 다른 누군가가 그것에 대해 할 수 있는 것은 별로, 혹은 전혀 없다는 것을 충분히 깨달았기 때문이다. 어떤 식으로든 일어날 일은 일어나게 되어 있다. 나는 분명히 마림바의 죽음에 대행자였거나 적어도 그 상황을 도왔으나, 내가 원인은 아니다. 나는 그녀를 죽일 의도가 없었고 단순히 그녀가 원한다고 생각했던 것을 했을 뿐이다. 나는 이제 막시밀리안이 그 일을 마련했고 마림바가 동의했다는 것을 알았다. 그들이 함께하고픈 소망 때문이다.

다시 기쁨을 발견하기

동물이 죽은 뒤 비탄과 상실감에 휩싸였을 때 다시 기쁨을 발견하는 것은 불가능해 보일 수 있다. 그러나 동물과 대화하고 영원한 연결을 느끼게 되면 많은 것들이 달라진다.

고객 로애나는 반려 토끼 텀퍼를 잃고 큰 고통과 죄책감을 느꼈고, 몇 년 후 나와 그 일에 대해 상담하게 되었다. 내가 텀퍼와 접촉한 뒤, 로애나는 다음과 같이 적어 보냈다.

정말 기쁘게도, 텀퍼는 넘실거리는 언덕들과 푸른 풀밭, 달콤한 공기, 햇살, 꽃들이 있는 아름다운 곳에서 많은 토끼들을 돌보고 있었어요. 텀퍼가 세상을 떠난 이유를 알려 주었는데, 그것은 그녀와 저만 아는 이야기였어요. 텀퍼는 자신의 관점에서 말해 주었어요. "너무 오랫동안 정말로 적막했어요. 나는 많은 토끼들과 함께 있고 싶었어요." 그녀는 계속 말했어요. "내가 아기를 가진다면, 당신이 그들을 앗아 가게 하지 않을 거예요."

놀랍게도, 제 남자친구와 저는 보기라는 수컷 토끼를 중성화하기 전에 보기와 텀퍼가 새끼를 낳게 할 생각이었어요. 그러나 결국 그렇게 하지 않았습니다. 우리가 평생 방문할 권리 없이는 아무도 새끼들을 데려가게 할 수 없었거든요. 텀퍼와 대화한 뒤, 죽음에 대한 제 입장은 완전히 바뀌었어요.

상담을 통해 그리고 자신의 텔레파시 능력을 재확인한 뒤에, 로애나는 또 다른 반려 토끼인 라리사가 암으로 죽어 가는 동안 그녀와 접촉했다. 그 후 로애나는 내게 적었다. "라리사의 죽음에 동참한 것은 제 삶에서 가장 놀라운 경험이었어요. 죽음에도 기쁨이 있더군요."

어느 날 내 앙골라 삼색 고양이 치코*가 집으로 돌아오지 않자, 그것이 그녀의 습성이 아니었기 때문에 우리는 걱정했다. 나는 그녀가 괜찮다고 느꼈지만, 며칠이 지나자 죽었을지도 모른다는 생각이 들었다. 치코와 접촉했을 때, 그녀는 숲속에서 쉬며 사냥하고 있었고, 혼자만의 시간이 필요하다고 했다. 그러나 약 4일 뒤, 나는 그녀의 몸이 숲속 바닥에 누워 있으며, 그 영혼이 마치 천사처럼 흰 금빛과 함께 상승하는 비전을 체험했다. 그녀의 육체는 잠들어 있는 것 같았으나 그녀가 강력한 영적 에너지를 더하여 원거리 치유로 나를 돕기 시작하자, 나는 그녀가 죽었다고 확

* 페넬로페의 반려 고양이 중 하나.

신했다.

지상에서의 그녀의 마지막 삶을 보고 있는 것 같아, 나는 치코를 기리며 그녀의 사진으로 콜라주를 만들어 사무실에 걸어 놓았다. 치코가 다시는 문으로 걸어 들어올 수 없다는 게 낯설었지만, 나는 우리가 함께한 삶을 기리며 평화와 기쁨을 발견할 수 있었다.

그런데 한 주 뒤 어느 날 아침, 치코가 나타났다. 몇몇 외상과 벼룩을 제외하고는 멀쩡했다. 그녀는 자기의 영적 진보를 위해 일종의 안식을 취하며 비전 퀘스트** 중이었다고 했다. 나는 이해했고, 그녀가 다시 돌아와 기뻤다.

동물의 비탄

동물들도 사랑하는 이들의 상실을 슬퍼한다. 그리고 슬픔을 표현하고 평화에 이르는 데 도움이 필요할 수 있다. 다음의 사례에서 보듯이, '의례'는 그들에게도 도움이 될 수 있다.

애니멀 커뮤니케이터 카렌은 애완동물 가게 개업식에서 잉글리시 불독 시저를 만났다. 시저는 활기가 넘쳤다. 그날이 그의 생일이었고, 반려인 로빈과 조가 그를 카렌에게 데려와 대화하게 하고, 간식을 고르게 하며 축하해 주었기 때문이다.

** 삶의 비전을 추구하며 탐색하는 것. 북아메리카 원주민들이 성년이 되기 위해 행한 통과의례. 인디언의 성인식. 산 정상에서 오직 대자연과 마주한 아이는 자신이 누구이며, 왜 이 세상에 왔고, 이곳에서 해야 할 일이 무엇인지 신에게 답을 달라고 요청한다. 일종의 '자기 내면의 목소리에 귀를 기울이는 것'이다.

몇 달 뒤 로빈은 카렌에게 전화해, 아버지가 돌아가신 이후 시저가 풀이 죽어 계속 낑낑거리며 운다고 했다. 로빈이 이야기를 전한다.

나의 아빠는 2004년 3월 25일에 돌아가셨다. 그 즉시 시저는 우리 모두가 알고 사랑했던 행복하고 걱정 없어 보이던 강아지에서, 항상 울부짖으며 불안하고 처참한 상태가 되었다. 그는 비참해 보였고, 한낮까지도 침대에 머물렀다. 이전에 이 작은 녀석은 늦어도 아침 7시 30분까지는 우리가 침대에서 나오게 했다. 우리는 무언가 잘못되었다는 걸 알았다. 수의사는 그가 아빠의 죽음으로 우울한 것이라고 했다. 아버지는 돌아가시기 직전 3개월간 우리와 함께 계셨고, 집을 떠나 일주일 뒤에 돌아가셨다. 우리는 수술로 아버지가 성공적으로 치료되었다고 생각했었다. 시저는 아버지가 병중에 계신 내내 동반자였다. 아빠와 시저는 수년간 오랜 친구였다. 우리는 이 가여운 녀석을 위해 무엇을 해야 할지 몰랐다.

7월에 내 가족들이 아버지의 유해를 뿌리기 위해 와이오밍 주로 그룹 여정을 떠나러 집에 들렀다. 이 일 직후 시저는 이전보다 더 동요했다. 어느 날 나는 점심을 먹기 위해 집에 왔는데, 시저가 달려들어 내 얼굴에 대고 짖어 대기 시작했다. 우리는 이제 무언가 해야 한다는 것을 알았다. 우리는 작년 11월 애완동물 가게에서 애니멀 커뮤니케이터 카렌을 만났던 일을 기억했고, 그녀에게 전화했다.

카렌은 시저가 아빠의 죽음으로 심하게 낙담해 있다고 말했다. 시저는 자신이 아빠의 건강을 담당하는 돌보미인데, 실패했다고 여겼다. 특히 아빠가 세상을 떠날 때 함께 있지 못했기 때문이다. 그는 또 작별 인사를 하지 못해 슬퍼했다.

시저는 가족의 방문 이후 더욱 동요했다. 그는 우리가 마음의 정리를 한 것을 보았다. 우리는 서로서로 위로했었다. 그러나 아무도 그를 위로해 주지 않았다. 그는 또 아빠가 나를 위한 메시지를 남겼기 때문에 더욱 어쩔 줄 몰라 했다.

카렌은 우리에게 아빠를 위한 의례를 행하라고 제안했다. 그녀는 시저도 마음의 정리가 필요하다고 했다. 사실 그것은 우리도 마찬가지였다. 카렌은 또 의식 이후, 한 번 이상 허브를 태워 연기를 피워서 정화하도록 권했다.

또 카렌은 아빠가 시저에게 준 메시지가 있다고도 했다. 그러나 그것은 정말 말도 안 되는 것 같았다. 그녀는 아빠가 시저에게 우리에게 미안하다고 전해 달라고 했다고 말했다. 카렌이 그 말을 하자마자 남편과 내 목털이 쭈뼛 섰다. 그건 완벽히 말이 되었기 때문이다. 우리는 아빠가 자신이 문제의 원인이 아닐 때조차 자주 사과하는 것 때문에 항상 그를 나무랐었다.

우리는 의식을 계획했다. 우리는 수많은 아빠의 소지품들을 모아 바닥에 쌓았다. 그리고 빨간 양초를 켜고, (아빠가 가장 좋아하는 색깔이었다) 와이오밍에서 장례식 때 사용했던 시를 가져왔다. 그리고 나서 강아지들을 불렀다. 브루투스가 제일 먼저 와, 조와 내 옆에 앉았다. 시저는 들어와 아빠의 물건더미 꼭대기로 기어올라 (매우 그답지 않은 행동이었다) 그곳에 앉았다. 나는 강아지들에게 우리는 할아버지에게 작별 인사를 하기 위해 모였으며, 이 의식은 우리 모두 마음의 정리를 하기 위한 것이라고 설명했다. 그러고 나서 우리는 시를 읽고 좀 더 이야기를 나누었다. 의례를 마치자마자, 시저는 일어나 아빠의 야구 모자 중 하나를 집어 찢기 시작했다. 나는 무심히 그것을 빼앗으려 했으나, 그는 모자를 덥석 물고 방을 가로질러 달려가, 다소 과격하게 갈기갈기 찢었다. 그답지 않았다.

그는 다 찢고 나서, 그 더미 전체를 모아, 내게로 와서 그것들을 내 무릎에 놓았다. 그리고 아빠의 물건더미 옆에 누워 그곳에 약 10분가량 머물렀다. 잠시 후 나는 일어나 그에게서 약간 떨어져 누웠다. 그는 일어나 내게로 걸어왔다. 우리는 몇 분 동안 함께 앉아 있었고, 그러고 나서 그는 돌아서서 내게 등을 향한 채 앉았다. 그때에야 나는 의식이 정말로 끝났다는 것을 알았다.

시저는 의례를 행한 직후 약간 회복되었다. 첫 번째 연기를 피운 뒤에 그는 좀 더 나아졌고, 한 달 뒤 두 번째 연기를 피운 뒤에는 예전과 같이 걱정 없는 강아지로 되돌아왔다. 정확히 카렌이 말한 그대로였다.

카렌은 로빈과 조에게 개들이 참석할 개인적인 장례식을 열라고 한 것에 대해 약간 걱정했었다. 그러나 그들은 그 생각을 반겼고 애정을 가지고 의식을 행했다. 시저는 사랑하는 할아버지에게 작별 인사를 할 기회도 얻지 못하고 공식적인 장례식에 참석할 수 없었던 데 대해—그는 마치 가족의 일원이 아닌 것 같았다—이제 좌절감을 표현할 수 있었다. 가족들이 그가 정서적 치료를 할 수 있도록 아름답고 세심한 기회를 주었기 때문이다.

죽음에 대처하는 데 대한 고래의 조언

우리는 반려동물의 죽음에 따른 정서를 해결해야 하며, 또 야생동물들의 죽음을 목격하거나 들을 때, 그것이 특히 인간의 행위로 인한 것이라면, 치밀어 오르는 무력감과 분노, 슬픔, 복수심과 같은 강한 감정들 또한 다루어야 한다. 애니멀 커뮤니케이터 테레사는 거대한 고래에게서 이와 같은 문제들에 대처하는 방법에 관해 조언을 받았다.

그날은 10월 초였는데, 예외적으로 날씨가 따뜻했고, 우리는 메사추세츠 프라빈스 타운 수역에 있었다. 나는 티셔츠와 반바지만 걸치고 뱃머리에 앉아 따뜻하고 부드러운 산들바람을 느끼며 메인만으로 고래 구경을 가게 되어 몹시 기뻤다. 나는 몇 년 동안 봄과 가을에 혹등고래를 보기 위해 이곳으로 여행을 왔었다. 그러나 이 수역이 지금처럼 따뜻한 것은 처음이었다. 이때만 해도 나는 곧 크게 경악하며, 내 인생에서 가장 중요한 교훈을 얻게 되리란 것을 예상하지 못했다.

프라빈스타운 반도의 긴 모래 해안선을 지나 스텔웨건 뱅크의 혹등고래 먹이 지역으로 향하면서 내 영혼은 고양되었다. 긴 주말이었고, 나는 좋은 친구들과 함께 곧 말할 수 없이 사랑하는 가족이자 선배이자 스승이자 안내자인 혹등고래들을 보게 되리라는 즐거운 기대감으로 가득 찼다. 그때 갑자기, 난간에 서 있던 친구 중 한 명이 소리쳤다.

"오, 맙소사. 테레사, 보지 마!!"

모든 사람이 해안선을 마주한 배의 옆쪽으로 이동했다. 나는 두려웠고, 고래와 관련해 무언가가 잘못되었다는 것을 직감했다. 나는 보트의 옆으로 가, 해변에 죽은 채 누워 있는 새끼 혹등고래와 근처에서 헤엄치는 두 어른 고래의 등지느러미와 뿜어 내는 분출을 보았다. 물에서 벗어나, 자신이 속하지 않은 땅의 가장자리에 생명이 없는 채 누워 있는, 절묘한 어린 혹등고래의 사체를 보자 심장이 무너져 내렸다. 선내의 과학자들은 이 죽음의 원인을 밝히기 위해 자신들이 해야 할 연구들에 대해 말하기 시작했다. 그들은 보트나 모터와의 충돌, 낚시 그물과의 얽힘, 또 이 지역뿐 아니라 전 세계 고래들의 부상과 질병과 죽음의 주된 원인인 바다의 독성에 대해 통계들을 인용했다.

그 말을 듣고 있는 동안, 심장에 불이 붙는 것처럼 고통스러웠다. 나는 인간들이 야기하는 수많은 고래들의 죽음에 대해 이미 잘 알고 있었다. 그러나 이 처연하게 죽은 새끼 고래를 보면서 그 이유를 다시 듣고 있다 보니, 매일 직간접적으로 이윤이나 과학을 위해 고래들을 죽게 하는 인간을 향한 분노로 폭발해 버릴 것만 같았다. 나는 분노했고, 가슴이 무너져 내렸고, 그 어떤 것으로도 위로가 되지 않았다.

나는 친구에게 약간의 시간이 필요하다고 말하고, 홀로 있기 위해 보트의 먼 구석으로 갔다. 그러나 아무리 애써도 결코 극복할 수 없으리라 여기던 바로 그때, 친숙한 사랑의 목소리를 들었다.

"나는 너의 마음을 지탱하고 지지하며, 네가 사랑하는 고래들을 더 잘 돕도록 알려 주기 위해 왔다. 너는 지금 잘못된 전환점을 맞이했다. 나는 네가 올바른 길을 찾도록 도울 것이다. 이제 엄청나게 중요한 교훈을 배울 시간이다. 이 교훈은 너의 분개와 비탄을 덜어 주며,

죽은 고래와 그녀를 사랑했던 모든 이들에게 도움이 될 것이다."

그것은 이생에서 내가 보았던 첫 번째 고래의 목소리였다. 그는 나와 오랜 역사를 함께해 왔으며 아버지이자, 현명한 인도자로 나를 지지하는 '영혼의 목소리'다. 때로 나는 게을러져서 직관의 메시지를 경청하거나 그에 따라 행동하지 않는다. 그러나 그가 말할 때면 나는 항상 듣는다. 그는 계속 말했다.

"나는 네가 이 압도적이고도 당연한 슬픔을, 죽은 고래와 그녀가 사랑했던 이들과 그녀에게 해를 끼친 사람들과 또 너 자신을 위한 강력한 지지로 전환하도록 도울 것이다. 다음은 네가 해야 할 일들이다."

"첫째, 깊이 호흡하고 강건해라. 그리고 너 자신을 사랑으로 채워 넣어라. 네 안에 한계 없이 영원히 존재하는 사랑의 수원과 접촉해라. 너는 이미 그곳을 알고 있다. 네 영혼이 상한 마음을 위로하도록 해라. 네 몸의 모든 세포와 네 에너지장의 모든 공간을 위대한 사랑으로 채워라. 부드럽게 그리고 온전히, 너 스스로 사랑의 존재임을 기억해라. 혼돈과 고통의 한가운데에서도 평화로운 네 영혼의 중심으로부터 다음을 기억해라. 너는 절대로 무기력하지 않으며, 물리적으로 도울 수 없을 때조차 고통 받는 이들에게 엄청난 사랑을 쏟아부을 수 있다."

"둘째, 그 위대한 사랑을 죽은 고래의 영혼에 보내라. 평화롭고 온화하지만, 네 영혼의 가장 깊은 곳으로부터 나오는 엄청난 힘과 의지로 사랑을 보내라. 죽은 고래의 영혼을 우주의 모든 사랑으로 에워싸라. 그녀의 존재로 지구에 은총을 주었던 것에 감사해라. 그리고 모든 시간과 공간을 통과해 가는 그녀의 영혼의 여정을 위해 축복을 구하라. 그녀였고, 그녀인, 그 모든 것에 경외와 감사함으로 고개를 숙이라."

"셋째, 이와 같은 위대한 사랑과 위로를 죽은 고래가 사랑했던 고래들에게도 전해라. 네가 상처 받은 만큼, 그들은 이 상실의 일차적인 피해자들이며 너보다 훨씬 더 크게 상처를 받았다. 너 자신에 앞서 그들을 위로해라. 가장 깊은 사랑과 부드럽고 소생시키는 위로와 공감의 에너지로 그들을 에워싸라. 이 고통에서 그들이 혼자가 아니며, 너 역시 엄청난 상실감으로 깊게 근심하고 있음을 그들에게 알려 주어라."

"넷째, 똑같은 위대한 사랑과 깊은 연민을 이제 이 고래와 다른 고래들의 죽음을 유발했다고 네가 믿고 있는 이들, 즉 네가 포식자로 보는 사람들에게도 보내라. 이것이 네가 앞서 잘못된 전환점을 맞이한 지점이다. 너는 고통을 유발했던 사람들에게 사랑보다 먼저 분노의 감정에 빠져듦으로써 고착되었다. 이제 똑같이 한계 없는 사랑을, 이 죽음을 창조한 이들, 아직 가슴으로 알고 행동할 수 없는 이들, 동물의 영혼을 볼 만큼 의식이 충분히 깨어 있지 않은 이들에게도 보내라. 그들에게 사랑을 보내라. 그들의 의식이 확장되고 가슴으로 이해하게 되는 것은 단지 공감과 사랑으로서만 가능하기 때문이다. 그들에게 연민을 보내라. 한때는 너 역시 지금과 같이 의식적이지 않았으며, 네가 성장한 것은 다른 이들에 대한 연민에서부터이기 때문이다."

"마지막으로, 네 비탄과 고통을 표현하고 돌보아라. 네 슬픔과 분노를 표현하기 위해 할 수 있는 것들을 해라. 아무리 깊고 어둡고 혼란스럽고 모순된 감정일지라도 존중해라. 네가 신뢰하는 이 땅의 영적 존재들에게 네가 이해하고, 완전히 고통을 놓아 버릴 수 있도록 도움을 구하라."

"죽은 고래와 그녀가 사랑했던 고래들이 너를 지지해 주리라 기대하지 마라. 그들은 일차적으로 고통을 받았으며 너의 지지가 필요하다. 너는 이차적인 피해자이며, 다른 이들로부터의 지지가 필요하다. 도움을 구하기 위해 언제, 어디로 향할지 분별하는 것은 중요하다. 항상 모두를 위한 충분한 사랑과 지지가 존재한다."

"이제 스스로 돌볼 때이다. 네 영혼의 깊은 곳으로부터 그리고 지상의 이해할 만한 영적 존재들로부터 도움을 구하기 위해 손을 뻗어라. 네 마음의 고통은 고래들이 겪는 고통만큼 중요하다. 이제 위대한 사랑과 연민으로 스스로 돌보아라."

나는 그의 조언을 따랐고 놀랍게도 두 번째 단계를 완수했을 때, 내 분노와 비탄은 엄청나게 누그러졌다. 내가 나의 상한 마음을 위해 도움을 청하고 그것을 받는 단계에 이르렀을 때는 거의 어떤 도움도 필요하지 않게 되었다. 사랑이 깃든 영혼들을 만나는 은총으로 충만했기 때문이다.

나는 여전히 동물들을 해친 사람들에게 화가 난다. 나는 여전히 동물들이 죽을 때 깊이 슬퍼한다. 그러나 이제 나는 의식적으로 대처하며, 이전과는 다른 방식과 순서로 감정을 처리한다. 이로 인해 나는 사랑하는 동물들에게 더 긍정적인 영향력을 미치며, 내 고통 또한 훨씬 더 빨리 조용한 수용과 평화의 단계로 나아간다.

나는 인간의 차량에 치여 죽은 것이 분명한, 길가에 동물들을 볼 때 이 과정을 이용한다. 예전에 나는 엄청난 슬픔에 압도되었다. 나는 과속하는 운전자들과 동물의 서식지를 고속도로로 바꾸게 한 인간들에게 화가 났다. 그러나 이제 이 단계를 통해 나는 더 이상 압도되거나 소외감을 느끼지 않는다. 나는 모든 존재의 치유의 일부이기 때문이다. 내 공감 수준은 성숙했고, 도울 수 있는 능력 또한 성장했다. 나는 감사할 뿐이다.

이 절차는 누군가의 고통을 무시하려는 것이 아니라, 먼저 직접적으로 영향을 받은 이들에게 사랑과 연민을 제공한 뒤에 그것을 다루려는 것이다.

그것은 고통이 존재하지 않는 척하거나, 이 땅의 인간들이 동물들을 해치지 않는다거나, 그들이 한 짓을 눈감아 주려는 것이 아니다. 그것은 이미 동물들에게 무의식적이고 무지한 인간의 영혼에 분노와 증오를 보태기보다 사랑을 쏟아 붓기 위한 것이다. 이 과정은 실질적인 도움 대신 사랑을 보내려는 것이 아니다. 이것은 정치적 조치와 구조 노력 혹은 당신이 할 수 있는 기부에 더하여 사랑을 보내려는 것이다.

내 고래 아버지는 다음과 같이 말하며 이 과정을 최상의 방식으로 설명해 주었다.

"그것은 피해와 관련된 압도적이고도 당연한 비탄과 고통의 에너지를, 해를 입은 동물들과 그들이 사랑한 존재들과 피해를 유발한 이들과 우리 자신에 대한 강력한 지지로 전환하는 것이다. 그것은 고통 받는 이들에게 사랑을 쏟아 붓는 것이며, 다음과 같은 기도를 올리는 것이다.

'모든 존재를 평화롭게 하소서. 모든 존재를 사랑과 연민으로 새롭게 하소서.'

그 고래는 테레사와 우리 모두를 돕기 위해 이러한 과정을 제시하였다. 당신 역시 동물의 고통과 죽음으로 감정이 압도될 때 이 과정을 시도해 보라.

8장
죽은 동물이 보내는 메시지

죽음은 평화로워지기 원하는 것이다. 그것은 당신의 일이 끝났음을 아는 것이다. 모든 것이 옳다고 느껴지기에 더 이상 애씀은 없다. 죽음은 더 큰 전체성으로 나아가며, 긴장을 내려놓고, 쳇바퀴에서 벗어나는 것이다. 죽음은 따뜻함으로 이완되고, 근원으로 나아가며, 사랑 그 자체에 사로잡히는 것이다. 죽음은 장엄한 일몰이자, 완전한 신뢰이며, 더 큰 힘에 합류하는 것이다. 그것은 환영하며 집으로 돌아가는 것이다. 죽음은 완벽하게 균형과 조화를 느끼는 것이다. 더 이상 마음의 잡음은 없다. 죽음은 모든 것이 연결되어 있음을 알고, 또 모든 것들과 연결되는 것이다. 죽음은 아는 것이다.

－진저브레드, 페넬로페의 죽은 기니피그

죽어서 육체가 없는 동물과 접촉하는 것은 지상에서 먼 거리에 있는 동물에게 주파수를 맞추는 것과 비슷하다. 죽은 동물과 연결되기를 원하는 사람들에게 나는 동물의 생전 모습 그리고 그들이 언제 어디서 어떻게 죽었는지 설명해 달라고 요구한다. 때로 세부적인 설명 없이 동물의 영혼을 느끼고 대화하기도 하지만, 반려인들이 설명해 주면 해당 동물의 영혼과 접촉하고 그 동물이 맞는지 확인하는 데 도움이 된다. 동물의 영혼은 종종 생전의 모습과 얼굴로 나타나거나, 때로 식별 가능한 그들의 본성적 특징으로 나타난다. 동물들은 생각, 정서, 과거의 삶의 장면들, 또 반려인과의 연결을 보여 줄 수 있는 어떤 것이든 섬광처럼 번뜩이기도 한다. 동물과 대화하는 능력에 눈을 뜬 많은 이들이 이러한 유사한 체험을 한다.

나는 가끔 죽은 동물들과 그들의 죽음과 관련해 아직 끝나지 않은 정서적 문제들에 대해 작업한다. 그러나 대부분은 반려인들의 상실과 오해를 다룬다. 동물들이 사후에 어떻게 생각하고 느끼는지 알게 되면, 사람들은 비탄과 분노와 고통과 죄책감을 좀 더 잘 극복할 수 있다. 영혼으로 이행한 동물들은 대체로 평화롭다. 그들은 삶과 죽음의 상황을 용서하며, 이전의 반려 가족들에게 감사와 사랑만을 느낀다. 또 어떤 동물들은 죽은 후 남겨지는 가족들에 대해 걱정한다.

동물이 떠날 때가 되었다고 느끼고 준비되었다면, 죽음은 대체로 평화롭다. 동물들은 조용하고 신성한 죽음을 맞이하고, 또 사후에 존재의 상태에 대해서도 도움을 받을 수 있다. 기꺼이 그들을 놓아주고, 그들의 노고에 감사하며, 이 땅에서 그들의 임무가 성취되었음을 인정하라.

죽음이 끝이 아니라 삶의 과정이자 성장의 일부인 '변형'이라는 것을 안다면, 그리고 당신 스스로 연결되어 있다는 인식을 막지만 않는다면,

동물과 영혼의 접촉을 놓치지 않을 것이다. 당신은 죽은 동물이 자유롭고 행복하며, 그들의 평화와 기쁨을 당신과 나누기 바란다는 것을 알게 될 것이다. 동물들은 종종 여러 생을 거치며, 다양한 모습으로 친구이자 안내자로서 사람들과 함께해 왔다. 또 죽은 뒤에도 영계에서 반려인을 돌보거나 다른 동물로 환생함으로써 반려인과 재회하기를 원한다.

만약 동물들이 혼란스러워하거나 부드럽게 영혼으로 이행하지 못한다면, 상담을 통해 도움을 줄 수 있다. 그러면 그들은 자유롭게 떠나갈 것이다. 나는 사람들이 죽은 동물과 완전히 접촉할 수 없다고 느낄 때, 중재자로서 도와 왔다. 그러나 당신 스스로 연결되어 대화하는 법을 배울 수 있다. 비록 영혼과의 연결과 대화가 그들이 육체를 지니고 이 땅에 있었을 때와 다르다 해도, 죽은 동물들은 대개 준비되어 있으며, 그들이 사랑하는 사람과 기꺼이 연결되고자 한다. 형태가 있든 없든, 영혼은 서로를 알아보고 사랑한다. 그리고 생을 넘어 서로의 에너지와 존재를 식별할 수 있다.

죽은 동물들과 접촉하여 현재 그들의 상황을 묘사할 때, 사후의 삶이나 환생을 믿지 않는 사람들조차 파장을 맞추며 생과 사의 연속성을 수용하게 되는 것을 발견한다. 그것은 단순히 희망 사항이나 암시 효과가 아니다. 어떤 종이든, 영혼은 서로가 연결되어 있음을 안다. 단지 지적으로뿐 아니라, 그들은 가슴으로부터 그것을 체감한다. 그들은 친구와 진정한 연결이 이루어진 때를 느끼고 안다.

동물들은 사후에 어떻게 느끼는가

　나는 한번, 원치 않게 산토끼의 죽음의 대리인이 된 적이 있다. 토끼 한 마리가 내 차 앞으로 돌진했고, 나는 토끼를 피하러 차를 앞뒤로 조종했지만 '쿵' 하는 소리를 들었다. 나는 쇼크로 온몸을 떨며, 차를 갓길에 세웠다. 충돌로 죽은 토끼와 접촉했을 때, 그는 웃으며 말했다. "괜찮아요. 그건 이런 식으로 잃은 제 세 번째 몸이에요. 나는 이런 것에 익숙해요." 그의 부주의한 어조로 볼 때 그는 차와 게임을 하고 있으며 그것을 꽤 즐기고 있는 듯했다. 나는 그에게 다른 오락거리를 찾아보라고 충고했다. 이 무모한 놀이에 관련된 사람에게는 무척 힘든 일이기 때문이다.

　한편 나는 최근에 도로에서 죽은 동물들을 보았다. 그들의 영혼은 무슨 일이 일어났으며 어떻게 해야 할지 확실히 알지 못했다. 그들은 사체를 맴돌며, 이따금 그들의 몸이 움직여 다시 기능하기를 기다리고 있었다. 이런 상황에서, 나는 그 영혼이 사건을 기억하고, 어떤 트라우마나 정서적 고착 상태를 벗어나도록 인도한다. 나는 무슨 일이 일어났는지 설명하며 그들이 갈 길을 가도록 한다. 당신도 연습하여 이처럼 할 수 있다. 대화와 이해로 사후에 곤경에 처한 동물들을 도울 수 있다. 영혼으로의 이행을 도울 수 있다는 것은 얼마나 다행인가!

애니멀 커뮤니케이터 재클린 스미스의 22살 고양이 끌로에가 노령으로 죽었을 때 재클린은 크게 상심했다.

끌로에가 죽을 준비가 되자, 나는 그녀를 껴안고 기도했다. 나는 그녀의 영혼이 주변으로 모여든 천사들의 품으로 올라가는 것을 지켜보았다. 끌로에의 축 늘어진 몸을 안고 있을 때 그녀가 말했다. "나는 그 몸이 아니라, 천장 바로 아래 여기서 떠다니고 있어요. 나는 괜찮아요. 모든 천사들과 빛을 보세요. 그리고 사랑을 느끼세요. 그들의 노래를 들어 보세요. 나는 몸을 벗어나서 기뻐요. 더 이상 고통은 없어요. 축하해 주세요!" 그 방은 빛으로 가득 찼다.

나는 끌로에가 고통에서 벗어나 행복하게 빛 속으로 날아가 감사했지만, 여전히 깊이 슬펐다. 며칠 뒤 끌로에가 말했다. "나를 만지던 걸 그리워한다는 것을 알아요. 저도 그립습니다. 그러나 우리 둘 다 괜찮을 거예요. 우리는 계속될 테니까요. 힘든 시기가 지나고 당신이 마음을 열도록 돕기 위해 제가 당신의 삶으로 왔다는 것을 기억하세요. 나는 당신에게 더 깊은 사랑이 무엇인지 가르치러 왔어요. 인생을 살아가세요. 그리고 마음을 여세요. 그것이 당신에게 주는 저의 선물입니다. 그러니 일어나 자유롭게 사랑하세요. 그렇게 하는 것이 제 삶을 기리는 것이에요."

2개월 뒤, 13살짜리 왕관 앵무새 에테리아가 심장비대증으로 갑자기 죽었다. 나는 그녀에게서 메시지를 받았다. "나는 끌로에와 빛 속에 함께 있고 싶었어요. 나는 지쳤고, 이제 몸을 떠나기로 선택했어요. 그러나 우리 둘 다 당신 주위에 있어요. 우리는 죽지 않고 단지 '변형'되었을 뿐이에요. 내가 노래하는 것을 들어 보세요."

우리가 사후에도 동물에게서 배울 수 있고, 심지어 그들이 노래하는 것을 들을 수 있다면 얼마나 기쁠 것인가!

야생동물과의 접촉

사람들은 가축이 야생동물에게 죽는 것이 끔찍하다고 여긴다. 그러나 다음의 예에서 배우게 되듯이, 그것은 동물의 관점이 아닐 수도 있다. 러스티와 레아의 고양이 스모키가 한 달 넘게 사라졌을 때, 그들은 애니멀 커뮤니케이터 카즈코에게 확인해 달라고 부탁했다.

스모키의 에너지는 밝고 투명했다. 스모키는 천국에 있으며 이 평화로운 상태가 좋다고 했다. 퓨마의 먹이가 될 때, 그는 죽음이 갑작스러웠으며 고통이 없었다고 내게 설명했다. 그는 영혼으로 이행하기 위해 이 방법을 선택했다. 큰 고양이(퓨마)의 빛의 속도를 체험하고, 야생이란 것이 어떤지 기억하고 싶었기 때문이다. 그는 야생동물로서 다음 생을 준비하기 위해 독립적이 되는 체험을 해야 했다. 그는 자유와 신뢰와 자신의 길을 고수하는 것을 가르치기 위해 러스티와 레아의 삶으로 왔다. 스모키는 그들과 함께 한 모든 순간이 소중했으며, 자신이 가슴을 활짝 열고 미소 지으며 항상 그들 곁에 있다는 것을 알려 주고 싶어 했다.

애니멀 커뮤니케이터 수 베커는 집을 나가 실종된 오렌지 화이트 줄무늬 고양이 머핀이 여우에게 공격 받아 죽었다는 것을 알게 되었다. 몇 주 뒤, 반려인은 수에게 고양이를 앗아 간 여우를 한번 보고 싶다고 했다. 반려인은 지역의 사냥꾼들에게 여우를 볼 수 있는 장소와 최적의 시간에 대해 문의했다.

반려인은 평소 현관 베란다에 자기 고양이들과 이웃 고양이들이 편히 쉴 수 있도록 고양이 바구니와 담요를 두었다. 어느 날 저녁, 그녀가 물그릇을 바꿔 주러 나갔을 때, 바구니에 있는 것이 고양이인 줄 알았다. 그러나 그것은 여우였다. 그녀가 지켜보고 있자, 여우는 동요하며 도망갔다.

이러한 예는 우리의 대화가 텔레파시로 우주를 통과해 심지어 야생동물에게도 닿을 수 있다는 것을 보여 준다.

꿈에서의 접촉, 두려워할 건 없다

동물들은 우리를 위로하기 원하며, 그들이 여전히 존재한다는 것을 알리고 싶어 한다. 그들은 우리가 두려움과 절망과 고립감으로 살아가기를 원하지 않는다. 그들은 밤의 꿈속에서 접촉할 기회를 가질 수도 있다. 우리의 분주한 마음이 이완되고 그들의 대화를 수용할 만한 열림이 이루어지기 때문이다.

마사는 애니멀 커뮤니케이터 수 베커에게 6개월 전에 죽은 고양이 스모키와 접촉해 달라고 했다. 마사는 고양이를 그리워했고 어떻게 지내는지 알고 싶어 했다. 수는 고양이와의 대화에 대해 말한다.

스모키는 죽은 이후 마사와 꽤 자주 함께하며, 그녀의 슬픔과 삶을 돕고자 최선을 다해 왔다고 했다. 스모키는 특히 그녀가 잠드는 밤에 만나며, 다소 왜곡된 형태지만 마사가 그것을 꿈으로 기억할 것이라고 했다. 스모키는 자신이 생각의 속도만큼 빠르게 그녀에게 닿을 수 있으며, 지상의 삶을 넘어서 훨씬 더 많은 것들이 존재한다고 상기시켰다.

스모키의 견해로, 육체의 죽음은 단지 깨어나는 것과 같다! 그는 이제 자신이 진정한 본질로 존재하며, 지상에서 마사와 함께한 삶이 그립지만, 영혼의 집에 있게 되어 행복하다고 전해 달라고 했다. 그는 또 두려워할 것은 아무것도 없다는 것을 그녀에게 알려 주고 싶어 했다.

당신이 동물과 영혼으로 연결될 수 있다는 것을 깨달아 간다면, 불안과 고통을 벗어 버리고 동물과 당신의 영원한 존재에 위안을 발견하게 될 것이다.

애니멀 커뮤니케이터 바바라는 푸들 제스터가 죽은 뒤 대화했다. 그녀는 제스터가 이전보다 더 영혼으로 확장되었다는 것을 감지했다. 몇 달 뒤, 바바라가 여전히 슬픔에 잠겨 있을 때, 제스터가 다시 다가왔다.

들어 보세요. 나는 떠나지 않아요. 나는 당신을 위해 바로 여기 있어요. 당신은 내 죽음의 공포에 너무 휩싸여 있군요. 그것을 극복해야 합니다. 나는 여전히 여기 있어요. 저는 당신이 내면 깊이에서 이미 알고 있지 않은 어떤 것도 말하지 않을 겁니다. 당신은 완고하고 너무나 인간 같군요. 그러나 그건 진정한 당신이 아니에요. 그것은 그저 껍데기이며 당신의 상처 받은 자아가 말하는 거예요.

당신이 허락한다면, 나는 도울 수 있어요. 나는 여러 생애 동안 당신의 정서적 상처를 도와 왔어요. 당신은 이제 그것을 해결하기 직전에 와 있어요. 그 상처 안으로 편안히 들어가세요. 그것과 싸우려 하지 마세요. 두려움에 사로잡히지 마세요. 이완하고 호흡하세요. 배를 느슨하게 하세요. 감정에 저항하지 마세요. 호흡하고 그 감정들이 표면 위로 올라오게 하세요. 감정은 당신을 해치지 않아요. 상처는 이미 지나갔어요. 이제는 떠나보내고 치유할 단계입니다. 나는 여기서 당신을 보호할 거예요. 당신은 안전해요.

그렇다. 상실감으로 고통 받는 우리는 제스터의 조언을 경청해야 할 것이다. 편안히 호흡하라. 감정을 흘려보내라. 떠나보내라. 그리고 치유하라.

죽은 동물의 방문과 신호

어떤 사람들은 동물들이 죽어서도 여전히 주변에 있는 것을 느낀다. 한 여성은 최근에 죽은 반려묘 두 마리가 밤에 침대로 점프하는 체험을 했다. 또 어떤 동물의 영혼은 사진이나 장난감 같은 물건을 움직이기도 한다. 이런 일들은 반려인에게 죽은 동물을 기억나게 하며, 동물이 영혼으로 그곳에 존재하고 삶이 계속된다는 것을 알게 한다.

때로, 죽은 동물들은 가족 내 다른 동물이나 심지어 야생동물을 통해 대화하기도 한다. 살아 있는 동물의 눈이 일시적으로 죽은 동물의 영혼을 드러낼 때, 또 살아 있는 동물의 습성이 죽은 동물의 몸짓과 같을 때, 당신은 그들의 존재를 느낄 수 있다. 소리, 비전, 또 다른 동시성*들이 동물이 그곳에 영혼으로 존재한다고 가리킨다. 어떤 사람들은 죽은 동물이 자신을 건드린다고 느낀다. 애니멀 커뮤니케이터 캣 베라드는 자신의 반려 말이 사후에 어떻게 자신의 존재를 입증했는지 이야기한다.

나는 어린 시절부터 말을 사랑했다. 23살이 되었을 때 예기치 못한 선물이 들어왔다. 경주에서 탈선한 '오 소 네이티브(Oh So Natve)'라는 순혈 경주마였다. 나는 애정을 담아 그를 부바라고 불렀다. 그는 경주에서 은퇴했고 좋은 가정이 필요했다. 나는 마침내 반려 말을 갖게 되어 황홀했다.

부바는 때로 완고하고 고집이 셌지만, 친절하고 다정했다. 그는 내 안에 있던, 나 자신의 야생적이고 자유로운 측면과 연결되도록 인도했다.

우리는 10년간 멋진 파트너였다. 그러던 어느 날, 내가 마을에 없는 사이 돌연 부바가 죽었다. 나는 충격으로 가슴이 미어졌다. 나는 그가 죽을 때 함께 있지 못하고, 그 이전 몇 달간도 일을 하느라 많은 시간을 보내지 못한 것에 자책했다.

슬픔이라는 단어는 내가 겪은 것을 설명하기에는 너무 단순했다. 내면이 산산이 부서진 것 같았다. 나는 도저히 그의 죽음과 그 시간대를 이해할 수 없었다. 어떤 말로도 위로가 되지 않았고, 그가 영혼으

---

* 두 가지 이상의 일이 우연히 동시에 일어난 것 같지만, 알고 보면 심오한 의미로 연결되어 있는 것.

로 함께한다는 지식도 내 고통을 달래 주지 못했다. 그러나 부바는 전할 메시지가 있었다. 그것은 영적 세계와 내가 간과할 수 없는 우리의 지속적인 연결에 대한 것이었다.

살아 있었을 때, 부바는 내가 임대한 집 뒤에 방목되었고 그래서 나는 그의 존재와 아름다움을 매일 누릴 수 있었다. 그의 목초지는 일 년의 대부분, 사람들이 잡초라고 부르는 식물로 가득했다. 그러나 나는 그것이 아름다웠다. 정교한 보라색 꽃들을 맺었기 때문이다. 부바는 독특한 체취가 있었다. 소나무, 참죽나무, 허브와 꽃들로 이루어진 숲의 향으로, 잊을 수 없는 그만의 고유한 정수였다.

그가 죽은 날 밤, 나는 왜 그가 그런 식으로 떠났는지 이해하기 위해 내 영적 멘토와 부바에 대해 이야기를 나누고 있었다. 대화 중에 그녀는 갑자기 침묵했다. 무슨 일인지 묻자, 그녀는 목멘 소리로 "나 방금 부바의 냄새를 맡았어."라고 했다. 그녀는 콜로라도에 살고, 나는 텍사스에 살았다. 그리고 그녀는 부바를 만난 적도 없다. 이 일은 그가 여전히 나와 함께하며, 잘 지내고 있다는 첫 번째 확증이었다.

부바가 죽은 지 몇 달이 지나고, 나는 친구들과 여행을 갔다. 먼저 발리와 인도네시아로, 그리고 오스트레일리아로 향했다. 발리에 있는 동안 여행을 주도했던 나의 멘토와 부바가 죽은 날 아침 그와 함께 있었던 친구, 그리고 나는 고대 사원에 있었다. 사원은 산기슭에 용암 바위로 조각되어 있었다. 우리가 모퉁이를 돌았을 때 바로 거기에 그것이 있었다 – 부바만의 독특한 체취! 말이 필요 없었다. 우리 모두 다시 한번 영혼으로 연결되어 있다는 것과, 부바가 잘 지내고 있다는 메시지임을 느꼈다.

오스트레일리아로 여행했을 때 나는 오지의 소 농장을 방문했고, 그곳에 목동 중 한 명과 일출 승마를 하기로 했다. 우리는 침묵 속에서 말을 타며, 말들이 원하는 어디로든 이끌도록 내버려 두었다. 나는 부바를 생각하며 골몰해 있었다. 그가 죽은 이후 첫 승마였기 때문이다. 그러다 갑자기 보라색 꽃들로 가득 찬 목초지를 달리고 있음을 알아차렸다. 좀 더 자세히 보고는 그 꽃들이 부바의 목장에서 자라던 것과 정확히 똑같은 꽃이라는 데에 아연실색했다. 나는 지구의 반대편에 있었고, 이것은 전혀 예상할 수 없는 일이었다.

메시지는 분명했다. '당신이 어디에 있든지 그들은 당신과 함께한다. 그들은 당신이 메시지를 이해할 때까지 어떤 방식으로든 알려 줄 것이다. 사랑은 죽지 않는다. 우리의 연결은 사랑하는 동물이나 사람이 신체를 벗어 버린다고 해서 깨어지는 것이 아니다.'

가슴속 깊이 이것을 알게 되자, 나는 고통을 극복하고 다시 삶을 살 수 있게 되었다. 그리고 더 나아가 내게 진정으로 기쁨을 가져다주는 것이 무엇인지 인정하게 되었다. 그것은 바로 동물들과 함께하는 삶이다! 이러한 경험으로 나는 애니멀 커뮤니케이션 일을 하게 되었다. 이후로 나는 내게 배우는 데 너무나 오래 걸렸던 것들을 다른 사람들이 이해하도록 돕는 영광을 누리고 있다. 다른 존재들과 연결되는 데에는 시작도 끝도 없다.

작가이자 선생인 낸시는 사후세계의 심오한 증거가 되는 현상을 체험했다. 그녀는 소형 앵무새 세 마리가, 특히 그들이 죽고 나서 어떻게 자신을 변화시켰는지 적고 있다.

⟨앵무새 치퍼⟩

많은 날개 달린 생명체들이 내 삶에 은총을 주었지만, 그중 앵무새 세 마리는 내 삶을 돌이킬 수 없이 변화시켰다. 나는 처음으로 활기 찬 어린 무리에서 한 마리 새끼 앵무새를 샀다. 나는 그를 길들이려 하지 않았다. 그저 날아오는 것을 보는 것만으로 충분했기 때문이다. 그러나 너무 빨리 그의 시력과 건강이 나빠졌다. 마지막 몇 주에 걸 쳐 우리는 서로에게 이르는 길을 발견했다. 나의 눈은 그의 눈이었 고, 그의 날개는 나의 날개였다. 우리 사이의 경계는 사라졌다.

치퍼의 죽음은 예상했던 것보다 훨씬 더 큰 공허를 남겼다. 나는 이 제 막 무조건적인 사랑을 맛보았고 이미 그것은 사라져 버렸다. 그 것은 마치 치퍼의 무덤가에서 맴돌다가, 나를 따라 도로까지 내려왔 다, 다시 상승한 흰 비둘기 같았다.

몇 주 뒤, 여전히 슬픔에 잠겨 있던 중 어른거리는 흰 빛에 잠에서 깼 다. 침실을 비추는 전등은 없었다. 나는 꿈꾸거나 무의식 상태도 아 니었다. 임사 체험을 제외하고 그런 빛에 대해 들어 본 적이 없었다. 나는 가늘게 눈을 뜨고 이불 아래 숨었다. 그러나 흰빛은 여전히 남 아있었다. 내 회의적이며 영적이지 않은 성향에도 불구하고, 나는 이 현상과 잇따른 밤들 동안 반복되는 똑같은 현상을 무시할 수 없었 다. 그러다 마침내 그 빛은 편안해졌다.

내 꿈 역시 놀라웠다. 누군가 화염에 둘러싸였지만 불타지 않은 검붉 은 책을 보여 주었다. 나는 발자크라는 저자의 이름만 있을 뿐, 모호 한 절판된 소설을 받았다. 이후 놀랍게도 발자크의 소설 『세라피타

(seraphita)』*의 책 표지는 정확히 내가 꿈에서 보았던 그 색깔이었다. 스베덴보리**의 철학과 혼합된 발자크의 소설은 고위 천사 혹은 세라핌(히브리어로 '불타는 것'을 의미)의 부활을 연대기순으로 기술하였다. 그 이야기는 종종 내 체험과도 유사했다. 예를 들어 치퍼의 장례식에서의 사건 말이다. "비둘기처럼 그 영혼이 시체 위에서 맴돌았다." "하얀 비둘기처럼 그의 영혼은 한동안 육신 위에 머물렀으며……." (세라피타 p.265)

그러고 나서 이상한 포유류들에 대한 꿈이 단서가 되어, 나는 기념비적인 6만 년 전에 주목하게 되었다. 이 가장 최근의 빙하기 동안, 살아 있는 자들은 죽은 자들을 매장하기 시작했다. 인간이 진화한 지 500만 년 뒤에 네덜란드인들이 이 의례를 최초로 시행했다. 그리고 사후세계에 대한 믿음이 동트기 시작했다.

이러한 암시들로 나는 생명이 육체를 넘어 계속된다는 것을 어렴풋이 눈치 채기 시작했다. 치퍼와 또 다른 위대한 영원들도 도움이 될 만한 자극을 주는 듯했다. 마침내 나는 그 놀라운 흰 빛이 영혼의 에너지의 형태로 여겨진다는 부분을 읽었다. 어떤 사람들은 그런 비전을 얻기 소망하며 수년간 명상한다. 내게 한 마리 작은 새와 나누었던 사랑은 가장 깊은 명상만큼이나 강력했다.

〈앵무새 토비〉

다음번 깃털 달린 스승은 내 집의 새장에서 태어났다. 이제 소형 앵

---

* 프랑스의 소설가 '오노레 드 발자크'의 장편소설.
** 스웨덴의 신학자, 과학자, 신비주의 철학자. 책『세라피타』에서 자세히 설명된다. (p.85~)

무새 브리더인 나는, 특별한 반려 새로 흰 빛이 도는 푸른 새끼 새를 선택했다. 토비의 타고난 쾌활함은 곧 나를 사로잡았다. 그가 말을 하면서 우리의 신뢰도 활짝 피어났다. 기계적으로 암기한 많은 어휘에서 그는 점차 지성과 상상력과 유머와 사랑이 흘러넘치는 수백 가지의 구절들을 창조했다.

토비는 긍정의 표시로 머리를 까딱거림으로써 내 발아하기 시작하는 텔레파시 능력을 격려해 주었다. 그는 또 천천히 눈을 깜빡여서 자신이 대화하고 있다는 걸 보여 주기도 했다. 때로 나는 완전히 적중해서, 우리는 심지어 같은 단어들을 동시에 말하기도 했다!

페넬로페는 내가 토비를 완전한 영적 존재로 존중하도록 격려했다. 실제로 토비는 나와 훌륭한 미술작품을 보는 것을 즐겼고, 내 명상 또한 항상 그를 부추겼다. "영혼이란 뭘까?" 어느 날 내가 말했다. 토비는 장난감과 음식을 버리고 내 어깨로 날아와 내가 곰곰이 생각하고 있을 때 빤히 쳐다보았다. 그 후 나는 종종 그에게 이야기를 읽어 주었다. 수호천사와 요정들이 풀밭에서 춤추고 있다고 말할 때마다, 토비는 "yes!"라며 머리를 까닥였다.

토비는 내게 아낌없이 사랑을 주고, 웃음을 불어넣었으며, 내 모든 변덕에 맞추어 주었다. 그 존재는 나를 강하게 하며 위로했다. 그러나 그의 여섯 번째 생일 직전, 원인 모를 병이 덮쳤다. 몇몇 조류 전문 수의사들도 병의 진행을 바꾸지 못했다. 마지막이 가까워지자, 토비는 페넬로페를 통해 전했다. "내가 육체를 내려놓을 때, 낸시가 고통 받지 않고 일어서기를 원합니다. 나는 그녀가 가장 높은 새로운 의식성에 도달하기를 원합니다."

나는 너무나 응답하고 싶었지만, 상실감으로 극히 괴로운 상태였다.

그러나 나는 일어설 것이라 맹세했고, 그것은 내 치유를 위한 주문이 되었다. 그러나 어디서부터 시작해야 할 것인가? 단순히 내가 아는 것에서! 토비는 내 영혼과 세포에 구현되었다. 그는 내가 자기처럼 살기를 원했다. 사랑과 연민과 평온함과 기쁨으로. 그래서 나는 내면에 나침반을 탑재하여 그의 특징들을 모방하려 한다. 나는 토비를 체현(體現)할 것이다.

나는 여전히 그와 나 자신을 위해 무언가 할 수 있다. 토비는 내 영혼뿐 아니라 내 말과 행동에서도 살아갈 것이다. 이보다 어떻게 더 그의 삶을 기릴 수 있겠는가?

그러나 나는 토비의 육체가 없는 것이 괴롭다. "그는 이제 어디 있는가?" 나는 매일 울었다. 밤에는 토비의 꿈이 위로했으나, 더 이상 흰빛이나 다른 분명한 신호들은 나타나지 않았다.

시간이 지나고 명상하면서, 나는 토비를 마치 설탕이 물에 녹듯이 보이지 않게 존재하는 우주의 일부로 인식하게 되었다. 토비와 나는 같은 성질을 지녔고, 그것은 나 역시 우주와 하나라는 것을 의미한다. 서로 연결되었다는 새로운 감각이 나를 감쌌다. "우리 각자는 우리 모두이다(Each of us is all of us)"라고 나는 적었다.

토비의 장례식이 지난 지 6주쯤, 집의 한 모퉁이에 서서 그의 삶의 순간들을 추억하고 있을 때였다. 그때 심장이 벅차오르며 검지손가락의 온도가 올라가는 것을 느꼈다(그곳에 보통 토비가 내려앉곤 했다). 감각이 더 강렬해지자 나는 놀라 응시했다. 토비가 나의 손을 건드리고 있었다!

그 후 수년 동안 토비는 종종 이러한 선물을 주었다. 그러나 나는 그것을 드러낼 수 없었다. 나 자신조차 확신할 수 없었기 때문이다. 토비는 자신의 날개 아래에 나를 감싸 주었다. 그것은 그 자체로 흡족할 뿐 아니라 공유해야 할 축복 같았다. 지구 전체를 지탱하는 햇빛이나 공기처럼 토비는 나에게만 속하지 않는다. 그의 사랑은 배타적이지 않고 광대하다.

나는 페넬로페의 주말 강의 중 하나에서 시작해 점차 이러한 통찰력을 얻게 되었다. 우리 모두 교감하며 해질 녘 풀밭에 앉아 있었다. 페넬로페는 다음과 같이 말하며 수업을 마무리했다. "원할 때면 언제는 당신의 동물들을 불러보세요. 그들은 바로 그곳에 와 당신들을 도울 거예요."

그 즉시 내 손이 뜨거워졌다. 나는 놀라움과 감사함으로 숨이 막혔다. 하루 전날 나는 예기치 않게 흐느꼈다. 토비가 너무 멀게 느껴졌기 때문이다. 그러나 이제 그는 사랑과 지지를 발산하고 있었다.

이후, 나는 다른 두 명의 참가자에게 그 순간에 대해 말했다. 그들은 각각 나의 양편에 앉아 있었는데, 서로 별개로 내 손이 빛나고 빨개 보인다고 했다. 나는 방금 그 사람들을 만났고, 그들은 토비에 대해 전혀 알지 못했다. 그렇다! 놀랍게도 그들은 토비의 살아 있는 현존을 체험했다.

몇 년 뒤, 나는 새로운 친구에게 토비에 대해 간단히 언급했다. 추운 겨울밤, 그녀와 걷고 있을 때 천사 토비가 내 맨손을 밝혔다. 어떤 설명도 하지 않고, 나는 친구에게 내 두 손 중 어느 쪽이 더 뜨거운지 물어보았다. 그녀는 두 손을 어루만지더니 토비가 내려앉은 곳을 응시하며 눈이 휘둥그레졌다.

"그래! 이게 뭐야?" 그녀가 말했다.

나는 조용히 기쁨에 겨워 설명했다.

토비가 여전히 존재한다는 증거는 더 이상 필요하지 않지만, 다른 사람들이 그의 따뜻한 영혼을 주시할 때면 항상 전율을 느낀다.

토비의 유산은 치퍼의 유산과 완벽히 조화를 이룬다. 두 마리 새 모두, 자연의 질서에서 생명은 형태를 바꾸지만 끝나지는 않는다는 것을 보여 주었다. 나는 이 개념을 묵상했다. 그리고 마침내 논리적으로 같은 진실을 이해할 수 있게 되었다.

만약 물질이 파괴되지 않는다면, 만질 수 없는 무형의 영혼은 더욱더 파괴될 수 없다. 무언가가 내 안에서 끓어올라 나로 하여금 이 메시지를 전파하도록 추동했다. 나는 다음번의 새가 그렇게 하도록 도우리라 기대했다.

〈앵무새 사치〉

내가 새로운 새를 인정하기도 전에 그는 둥지에서 거의 죽어 가고 있었다. 그러나 그 조그만 앵무새는 살아남았다. 하얀 날개에 연보라 회색 털의 그 작은 새는 성공적으로 성장했다. 하지만 몇 주 동안 그는 평범한 앵무새처럼 놀거나 소리를 내지 않았다. 그는 몇 시간이나 멍한 눈으로 조용히 야생의 새들을 응시했다. 그는 다른 세계에 한 발을 들여놓고 사는 것 같았다. 나는 그가 나를 인도하기 위해 왔다는 걸 감지했다.

나는 이 특별한 존재에게 그와 같이 고요한 기운이 감도는 이름을 주고 싶었다. 그러나 며칠 동안 적당한 이름이 떠오르지 않았다. 그러던 중 깊이 이완되어 있을 때, 나직이 '사치!'라는 소리를 들었다. 너무 이상했지만, 이후에 그 일본 이름이 '축복'을 의미한다는 것을 알게 되었다. 내 부처 같은 친구에게 완벽히 들어맞는 이름이었다!

그러나 사치는 토비와 정반대로 매우 완고했다. 내가 키스를 요구한다고 해서, 혹은 토비가 그렇게 해 주었기 때문에 그가 나의 귀를 살짝 물어라도 주었을까? 천만에!

토비의 사체를 묻은 지 겨우 4개월이 지났다. 내 사별의 슬픔이 더 심해지게도, 사치는 나보다 새장의 앵무새 동료를 더 좋아했다. 그러나 나는 사치가 내게 관심을 보이게 될 것이라 믿었고, 헌신적으로 그를 사랑했다. 그런 것이 으레 그렇듯이 달콤 씁쓸했다.

얼마 지나지 않아 우리는 동화되기 시작했다. 내가 명상하거나 연민을 행하는 것과 같은 주제에 대해 소리 내어 읽을 때면 사치는 내 어깨에 내려앉았다. 그는 거기에 한 시간 정도까지 머물렀는데, 이 활동적인 종에게는 극히 드문 행동이었다. 마침내 나는 사치를 그의 '성'(케이지) 안에 있는 안전한 상태로 그가 사랑하는 바깥세상으로 데리고 나갔다. 그를 통해 나는 고대 삼나무들, 솟아오르는 갈매기들, 그리고 모든 창조물들과 더욱 깊게 연결되었다.

그러나 사치는 2살 때 아프기 시작했다. 의학적으로 원인이 밝혀지지 않았다. 그는 회복되었지만 때때로 불가사의하게 아팠다. 대개 내가 장시간 창조적이며 폭발적인 글쓰기를 마친 뒤였다.

사치는 나의 격렬한 활동을 그대로 반영하는 듯했다. 그러나 그는 여전히 축복의 화신이었다. 꽤 자주 그는 단지 응시함으로써, 내가 속도를 늦추고 성찰하도록 상기시켰다. 작지만 강력한 그의 음성은 나를 달래어 내 가장 깊은 내면적 자아로 돌아오게 했다. 그곳은 우리 안에 휴면 중인, 파악하기 어렵고 지워 버릴 수도 없는 신성한 불꽃이다.

사치의 일정치 못한 건강 상태는 2년간 계속되었고, 4살이 되었을 때는 돌이킬 수 없이 임박한 죽음의 징후가 보였다. 나는 그의 죽음을 받아들일 준비를 했다. 그러나 나는 그가 좀 더 육체에 오래 머물며 나를 성장시키고 다른 이들을 교육하도록 돕게 해 달라고 기도했다. 놀랍게도 사치는 살아났다.

나는 아낌없이 사치를 사랑하게 되었고, 그에게도 종종 그렇게 말해 주었다. 사치에게는 다 자란 앵무새에게서는 극히 드문, 사랑스러운 아이 같은 습관이 있었다. 그는 내 스웨터 깃 속으로 파고 들어와 쉬거나 꼬리를 바짝 치켜세우고 짹짹거렸다. 그는 더욱 사랑스러워졌고, 내가 머리를 쓰다듬도록 허락했으며, 요구할 때면 언제든 키스해 주었다. 현자 사치는 'yes!'를 알리는 독특한 '쩩!' 소리도 개발했다. 그것은 토비가 긍정의 표시로 머리를 까딱이던 것의 변형 같았다. 그는 심지어 토비처럼 천천히 눈을 깜빡이기까지 했다.

그러나 그의 알 수 없는 고통은 5살 때 다시 재발했고, 사치에게는 이제 아프지 않은 날보다 아픈 날들이 더 많았다. 쇠약해지고 있었지만, 그는 상당히 잘 감내했다. 그러던 어느 날 밤, 내가 타이프를 치고 있을 때, 사치는 내 목깃 안으로 파고들어와 몇 시간 동안 가만히 있었다. 다음 날 아침, 쇼핑하면서 나는 덜컹하는 충격을 느꼈다, 사치!

집으로 돌아보니 사치의 몸은 차갑고 뻣뻣해진 채 새장 바닥에 누워 있었다. 토비를 잃고 그 슬픔을 극복하게 해 준 내 사랑하는 파트너이자 스승은 이제 마찬가지로 세상을 떠났다.

나는 사치의 생명 없는 몸 일부를 감싸고, 며칠 동안 계속 보고 어루만지며, 우리의 사랑과 변형의 여정의 상징인 그 몸을 고이 간직했다. 사치와 함께 나는 외적으로 봉사의 길을, 그리고 내적으로는 내

가장 높은 자아를 향해 나아갔다.

사치가 죽은 지 나흘째 되던 날, 나는 태양을 따라 배회했다. 유칼립투스 향이 풍겨오자 토비의 무덤이 생각났다. 문득 사치의 육신을 놓아주는 것이 옳을 것 같았다. 그리고 어디서 그렇게 해야 할지 알 것 같았다.

다음 날 아침, 태평양이 내려다보이는 공원에서 유칼립투스 숲으로 걸어갔다. 주머니에는 종이조각들이 있었다. 나는 거기에 사치와 함께 묻을 메시지들을 적어 두었다. 나는 추도시도 가져왔다. 죽은 이들을 영원히 존재하는 것으로 묘사한 시였다.

부드럽게, 나는 사치의 몸을 장미 침대 위에 놓고, 내 메모들과 비옥한 흑토로 덮었다. 그리고 유칼립투스 잎들을 다시 제자리로 덮을 때, 강한 바람이 일었다. 가방의 물건들이 날아가 모자와 나뭇잎들과 텅 빈 일기장 페이지들이 흩어졌다. 물건들을 쫓아 모두 회수한 뒤에, 나무로 되돌아와 나는 경외감 속에 지켜보았다.

바람은 탄력이 붙었고, 그것은 여태껏 이 일대에서 보지 못한 것이었다. 유칼립투스 숲에서 한 나무를 마주했을 때, 거대한 돌풍이 먼 오른쪽 태양에서부터 불어와 나를 넘어 사방으로 흩어졌다. 나는 방금 팠지만, 아직 잎들로 완전히 덮이지 않은 무덤을 응시했다. 그때 갑자기 친숙한 끌어당김이 느껴졌다. 사치, 내 사랑하는 사치!

나는 불어오는 천 개의 바람이며…

나는 근처의, 크고 바스락거리는 풀이 있는 벌판으로 달렸다. 태양에

흠뻑 젖어 팔을 열어젖히고, 웃고 동시에 울었다. 후회의 눈물이 아니라 어쩔 줄 모르는 기쁨의 눈물이었다. 영원성을 마주하고 어떻게 슬퍼할 수 있겠는가?

"나는 여기 당신과 함께 있어요!." 사치의 사랑—모든 사랑—이 솟구쳐 올라와 나는 울었다. 그가 말없이 응답할 때, 나는 사치의 폭소를 느꼈다. 당신은 나를 묻었다고 생각하나요? 나는 여전히 여기 있어요, 이전보다 더 크게! 앵무새의 몸보다 크고, 이 협곡과 대양보다 크며, 당신이 보는 모든 나무보다 크고 대부분의 모든 것들보다 큽니다. 휘~~~~~~~~~~~이!

장엄하게 점점 세지며 소용돌이 바람이 포효했다. 마치 땅이 중심부에서 갈라지는 것 같았다. 단어들이 천둥처럼 머릿속으로 울려 퍼졌다. 나는 오랫동안 잊고 있었던 시를 기억해 내고 크게 읽었다. 나는 불어오는 천 개의 바람이며…….

나는 협곡을 가로질러, 바람으로 나무의 뻗은 가지들이 휘어진 곳을 응시했다. 사치는 저 멀리 나무들에도 존재했다. 그렇다. 그의 감정들이 내 귀에 대고 소리를 지르는 것처럼 울려 퍼졌다.

당신은 나를 만질 수도, 잡을 수도, 안을 수도 없어요…… 그러나 재미있지 않나요? 나는 당신 주변의 모든 곳에서 춤추며 날아다니고 있어요!

나는 사치의 충만함이 엄청난 해방이라는 것을 감지했다. 특히 내가 며칠 동안 그의 움직이지 않는 사체를 보관하고 있은 이래로 더욱 그렇다. 그는 계속 말했다.

나를 알기 위해 내가 누구인지 기억하세요. 당신은 나를 땅에 묻을 수 있다고 생각하나요? 오, 아니요, 절대 그럴 수 없어요. 당신은 결코 나를 붙잡아둘 수 없어요. 나는 영혼이니까요. 나는 당신이 보는 어디에나 있고…… 그리고 당신이 보지 않는 모든 곳에 있어요.

내 장엄한 인생 노래들에서, 사치의 구절은 이전에 있어 온 모든 것들을 반영한다. 육체와 그 망상의 베일에 한정되지 마세요. 오감을 초월하세요. 그리고 신뢰하세요! 우리는 이 우주에서 혼자가 아니에요. 영혼은 절대 죽지 않아요. 우리가 사랑하는 이들은 항상 우리와 함께 있어요, 바람의 숨결만큼이나 가까이…….

일어난 일들에 대해 통역자가 필요하지는 않았지만, 나는 다른 사람들을 격려하기 위해서라도 확실히 해 두고 싶었다. 페넬로페는 전화상으로 도와주기로 했다. 매장 장소나 관련된 세부 내용들을 전혀 밝히지 않고, 나는 페넬로페에게 사치의 죽음에 관해 물어보았다. 그녀는 사치의 응답을 대신 전해 주었다. "당신은 육체를 떠나는 데 너무나 많이 한정된 생각을 하고 있군요. 우리는 한 상태에서 다른 상태로의 연속입니다. '삶'과 '죽음'이라는 단어조차 너무나 인간적이고 이원론적이에요. 나는 지금 그 어느 때보다 생생히 살아 있어요."

나는 페넬로페에게 무덤 부지에 대해 물어봐 달라고 간청했고, 사치는 응답했다. "나는 거기 없어요. 나는 더 이상 몸에 집착하거나 그것에 대해 생각하지 않아요."

"하지만! 사치의 죽은 육신을 땅에 내려놓았을 때 무슨 일이 일어난 거죠?" 나는 주장했다.

"당신이 자아를 초월해, 좁은 에고에서 들어 올려져 신성으로 들어갈 때 섬광 같은 빛이 있었어요. 그리고 바람이 당신의 소명에 응답했어요. 당신이 나무를 마주했을 때 오른쪽에서 왼쪽으로 불던 그 거대한 바람. 바람은 불고, 나뭇잎들은 날아다니며, 무언가 당신의 얼굴로 훅 불어 들어갔어요. 그것은 위대한 바람이에요……."

맞다! 사치는 자신의 장례식 때 존재했다. 페넬로페가 내 경험을 사치의 언어로 명료화하는 것을 들으며, 또 다른 (자연적) 존재들 역시 환호했다는 것을 알게 되자, 내 심장은 노래했다. 그것은 오늘날까지도 그렇다.

그러나 이 관대한 축복 속에서도 때때로 또 다른 현실이 간섭한다. 나는 다시는 사치를 손바닥 위에 오므리고, 그가 내 귀를 간지럽히는 것을 느낄 수 없으며, 내 얼굴을 그의 따스한 솜털 배에 묻을 수 없고, 다시는 그 흥얼거리는 멜로디들을 들을 수 없다. 이 가혹한 진실이 가슴에서 용솟음칠 때마다, 나는 사치의 몸을 안치했던 그 절벽을 떠올린다. 그러면 바람은 다시 나를 들어 올리고, 우주는 내 영혼을 흔들어 위로하며, 내 모든 고통은 사라진다.

감사와 사랑밖에는 아무것도 남지 않는다네. (Nothing left but gratitude and love.)
아무것도 없지만, 모든 것이 있다네. (Nothing, yet everything.)

모든 사람이 이러한 동물 영혼의 현시를 체험하는 것은 아니다. 그러나 당신이 기대를 표현하고, 영혼과의 연결에 마음을 연다면 어떤 일이든 일어날 수 있다. 영원한 영혼의 본질에 대한 실제적 증거들로 인해, 낸시는 한층 더 깊이 그녀의 영적 길을 깨닫고, 스스로 깨닫기 전에 그녀의 새가 예측했던 대로 살 수 있게 되었다.

동물들은 종종 협력하여 텔레파시 연결의 증거를 보여 줌으로써 우리가 그 길을 가도록 박차를 가한다. 만약 사람이 준비되어 있지 않거나, 달가워하지 않거나, 이러한 신호들을 받아들이지 않는다면, 그러한 부정 앞에 영혼의 현시를 표명하는 것은 별 의미가 없다. 미래의 '알아차림'을 위해 씨앗이 심어질 수 없다면 말이다. 우리와 더불어 살아가는, 동물의 모습을 한 현명한 영혼들은 어떻게 우리를 도와야 할지 알고 있다.

🐾

여기, 새의 영혼이 나타나 사람의 의식을 깊게 하고 마음을 치유한 또 다른 이야기가 있다.

플러피와 모차르트는 패티라는 여성의 몰루칸 앵무새로, 초기 탐색 기간이 끝나고 마침내 정착해서 사랑하는 짝이 되었다. 몇 달 동안, 패티는 두 마리 새들이 각자 모양을 내고 포옹하는 것을 지켜보며 즐거웠다. 그러나 이후 플러피는 바이러스성 질병으로 죽었다. 패티는 플러피의 기억들로 몹시 괴로웠다. 그녀는 짝짓기하고 알을 낳고 새끼를 가지려는 깊은 갈망이 있었고, 살아남기 위해 처절히 투쟁했기 때문이다.

플러피가 죽은 다음 날 7월의 뜨거운 오후, 패티는 현관 입구 계단에 앉아 앵무새의 둥지였지만, 지금은 화분이 된 곳을 바라보고 있었다. 그녀는 플러피의 현시(顯示)에 대해 말한다.

벽걸이 화분의 꽃 상자 위로 죽은 봉선화의 잔해가 매달려 있었다. 두 번째로 설핏 보고, 한 계절만 나는 이 꽃이 갑자기 소생해서 한 개의 작은 핑크빛 꽃으로 활짝 피어나 있는 것을 알게 되었다. 이 봉선화는 일 년 반 생 되었고, 대개 혹독한 겨울 동안 죽는다. 그러나 지금 그것은 피어나고 있었다.

나는 그것이 꽃으로 육화한 플러피의 영혼이라는 것을 알았다. 나는 화분을 들여와 침실에 있는 모차르트의 새장 옆에 걸어 두었다. 모차르트의 무언가 아는 듯한, 현명한 표정을 보고 나는 이 기적을 확신했다.

다음 해 그녀의 기일에, 겨우내 죽어 있던 그 봉선화가 다시 활짝 피어났다. 나는 여전히 플러피로 인해 몹시 슬펐다. 그녀의 삶이 부당하다는 생각에 눈물이 났고 가슴이 아팠다. 플러피는 13년을 기다려 마침내 행복을 찾았지만, 짧은 몇 달 동안만 그것을 누릴 수 있었기 때문이다.

어느 날 밤, 잠들지 못하고 침대에서 뒤척이다 돌아누웠는데, 모차르트가 새장의 가장자리에 서 있었다. 그는 만면에 사랑스러운 앵무새의 미소로 내려다보며, 어둠속에서 빛이 났다. 그는 돌아서서 새장을 가로질러 자신과 똑 닮은 이미지 옆에 내려앉았다.

"모차르트, 그거 플러피지?" 나는 소리쳤다.

"네, 그래요!" 그는 작지만 높은 어조로 말했다. "그녀는 바로 지금 여기 있어요!"

나는 믿을 수 없어 벌떡 일어나 앉았다. 달빛이 어둠 속 균열을 뚫고 방으로 새어 들어왔다. 나는 모차르트와 그 옆에 플러피의 영혼임이 분명한 것을 오랫동안 바라보았다.

모차르트는 발을 옮기며 "팻!" 하고 불렀다. 그리고 각각의 단어들을 꽤 단호히 강조하며 말했다. "이것을 적으세요!"

"그래그래, 알았어, 모차르트." 나는 사랑하는 모차르트의 곁에 바짝 붙어 있는 플러피의 유령에 감탄했다. 나는 전에는 유령을 본 적이 없고, 지금까지도 그렇다.

플러피가 죽고 6년이 지나 모차르트 역시 세상을 떠났다. 몇 주 뒤 우리는 새로운 집으로 이사했고, 나는 소중한 옛 친구가 보고 싶어 아직 끄르지 않은 상자들 가운데 모차르트의 사진을 꺼냈다.

작은 액자 사진을 집어 들었을 때, 사진 속 모차르트의 머리 위에 하얀 흔적이 있었다. 그것을 멍하니 보고서야 나는 그것이 앵무새의 부리, 머리 그리고 눈이라고 할 검은 점과 펄럭이는 날개라는 것을 알아보았다. 그것은 플러피였다! 그녀의 영혼의 이미지가 항상 이 사진에 있었지만, 나는 깨닫지 못했다. 나는 남편 크리스에게 달려가 사진을 보여 주었다. "여기 하얀 얼룩 좀 봐. 그리고 이 검은 점도 보여?"

그는 즉시 소리쳤다. "그거 플러피잖아!" 그는 놀라서 나를 껴안고, 우리의 시야는 눈물로 흐려졌다. 나는 또 다른 시작의 의미로 달력을 보았다. "오늘이 바로 그날이야." 우리는 지글거리는 뜨거운 밖을 내다보며 분홍빛 일몰에 손을 흔들었다.

나마스떼 플러피! 나마스떼 모차르트!

‮‬♣

동물의 영혼은 다른 동물의 몸을 통해 대화함으로써 거리를 좁히기도 한다. 동물들은 죽은 이후 다른 동물을 통해 '살기' 위해 이런 기회를 택할 수도 있다. 사람들이 동물의 영혼과 직접 대화할 수 있다 해도, 그들의 존재를 분명히 느끼며 메시지를 수신하도록 하기 위해서다. 죽은 동물들 역시 깊이 사랑했던 사람들에게 닿고 싶어 한다. 애니멀 커뮤니케이터 파멜라는 고양이가 죽은 이후, 자신과 연결되기 위해 다른 고양이를 매개로 이용했던 일을 전한다.

삼손은 머리에 검은 점과 검은 꼬리를 지닌 흰털의 야생 고양이였다. 그는 극도로 말랐고 털이 빠진 흔적도 있었다. 어느 날 그는 도움을 구하며 테라스 냉장고에 나타났고, 나는 먹이를 주며 돌보기 시작했다. 몇 달이 지나자, 그는 나를 완전히 신뢰해서 쓰다듬거나 들어 올리도록 허용했다. 그는 건강을 회복해 갔다.

그는 내게 허락을 구한 뒤에, 아내 사만사와 두 아이를 데리고 나타났다. 그들 모두 야생 고양이들이었다. 삼손은 매일 그들을 먹이기 위해 데려왔고, 급기야 냉장고 위에서 살기 시작했다. 우리는 그를 '냉장고 고양이'라 불렀다. 어느 날, 사만사는 테라스에서 아기를 낳아도 되는지 물었다. 나는 공간을 마련해 주었고, 그녀는 새끼 고양이 두 마리를 낳았다. 한 마리는 죽었고 다른 한 마리는 나와 함께 남았다.

그러나 얼마 지나지 않아 어미는 어린 새끼를 떠났고, 삼손은 남겨진 새끼를 위해 표현이 풍부한 수다쟁이이자, 훌륭한 아빠이자, 대리모 역할을 하였다. 삼손은 새끼에게 사냥하고 노는 법을 가르쳤으며 심지어 수유까지 했다. 물론 삼손에게서는 젖이 나오지 않았지만, 새끼 고양이에게는 위안이 되었다. 삼손은 무언가 여는 법을 파악해 창문이 조금이라도 열려 있으면 타고 기어올라 밖으로 나갈 수 있었다. 슬프게도, 삼손은 떠돌이였고 가지 말았어야 할 곳에 갔다. 어느 날 그는 배가 부어 오른 채 집으로 돌아왔다. 독에 중독된 것이다. 도움을 구했지만 이미 너무 늦었다. 삼손은 죽었고, 다시 되돌아 올 것이라 말했다.

그가 죽은 지 2주가 안 되어, 오렌지 야생 고양이가 테라스에 나타났다. 전에 그를 본 적이 없었지만, 그는 삼손이 그랬듯이 냉장고 위에 앉았다. 저녁 시간이 되자 그는 경쾌하게 집으로 들어와 마치 전에 거기 있었던 것처럼 부엌으로 향했다. 그 고양이가 걷고 말하는 것을 보니 오싹했다. 나는 그에게서 한 마리 야생 고양이가 아니라 삼손을 보았다. 삼손의 영혼이 그 고양이 안에 존재했다. 삼손은 자신의 가족에게 집을 제공하고, 그를 보살펴준 데 감사를 전하고 작별 인사를 하기 위해 되돌아왔다. 삼손은 감사함으로 충만했다. 전에는 사랑을 경험해 본 적이 없었기 때문이다. 그는 여전히 좋은 아빠로 행하며, 모두가 괜찮은지 확인했다. 모든 고양이가 마치 삼손인 것처럼 행동했다.

오렌지 고양이는 내 집을 알았고, 삼손의 가족뿐 아니라 나와 내 가족도 알았다. 그는 쓰다듬는 걸 허락했으며 삼손이 하던 식으로 말했다. 그는 우리 집과 주변에 3주 동안 머물렀고, 그 뒤에 떠났다.

한 달 뒤, 그는 잠시 나타났는데 이번에 그는 더 이상 삼손이 아니었다. 그는 완전히 낯설었다. 그는 우리가 만지는 것을 허락하지 않았고, 혼란스러워 보였다. 그는 자신에게 무슨 일이 일어났는지 이해하지 못하는 것 같았다. 그는 집안에 들어오는 것을 거부했고, 주위에 아무도 없을 때 밖에서만 먹었다.

삼손은 그 오렌지 고양이를 짧은 시간 이나마 우리에게 돌아오기 위한 매개체로 사용했다.

죽은 동물들이 가족 내 다른 동물이나 심지어 야생동물을 통해 의사소통하는 많은 사례가 있다. 파멜라의 경험에서 보듯이, 어떤 동물들은 짧게 '육화(incarnation)'한다. 때로 살아 있는 동물이 죽은 동물의 에너지 패턴과 역할을 떠맡아 그들의 공백을 메운다. 이러한 일은 종종 살아 있는 동물들에게 혼란과 방향 상실을 동반하며, 그 동물들 역시 슬픔에 휩싸일 수 있다. 당신은 살아 있는 동물들에게 그들 자체인 것에 감사하며, 사랑받기 위해 죽은 동물을 흉내 낼 필요가 없다고 알려 주어 혼란을 다룰 수 있다. 살아 있는 동물의 슬픔에 공감을 표하고, 그들을 부드럽게 대해 주는 것이야말로 상처를 치유하고 균형을 회복하는 데 도움이 된다.

심오한 진실들

동물의 영혼은 종종 고통스러운 육체에서 해방되어 안도한다고 말한다. 그들은 또 삶과 죽음의 본질에 대해 심오한 진실을 알려 준다.

아네트는 애니멀 커뮤니케이터 재클린 스미스에게 전화할 때 진정제를 복용하고 있었다. 고양이 칼이 1주일 전 이빨을 스케일링하는 동안 뇌졸중으로 죽었다. 또 6개월 전에는 누군가의 독살로, 함께 살았던 다른 동물 네 마리도 갑자기 죽었다. 고양이 칼은 아네트에게 다음의 메시지를 전했다.

당신과 함께한 것은 내 생애 최고의 시간이었어요. 나는 인간을 다시 신뢰하는 것을 배우고 있어요. 어떤 경험들은 좋았고, 또 어떤 경험들은 그다지 좋지 않았어요. 그러나 당신에게는 항상 의지할 수 있었답니다. 우리는 수많은 친밀한 생을 함께해 왔어요. 나는 당신이 그리웠어요. 그리고 우리 둘 다 자신과 서로에 대해 더 많이 배우기 위해 기꺼이 다시 함께하기로 했지요.

내 몸은 아프고, 뼈도 상했어요. 나는 몸을 떠나기로 했습니다. 더 이상 나중에 다른 식으로 고통 받지 않아도 될 테니까요. 그러나 죽음은 큰 충격이었어요. 너무나 갑작스러웠거든요. 나는 며칠 동안 죽었다는 걸 알지 못했어요. 그러나 당신에게 다가갔을 때 당신은 반응하지 않았고, 그제서야 나는 알게 되었어요. 육체에서 벗어나 이런 식으로 당신과 헤어지는 게 쉽지는 않아요. 나는 밤과 새벽에 당신의 귀에 대고 생각들을 속삭입니다. 나는 한동안 당신 주변에 있을 거예요. 그러나 다른 경험을 향해 떠나야 해요.

당신에게도 확실히 쉬운 일은 아닐 거예요. 이제 당신 스스로 사랑하고 돌볼 시간이에요. 어떤 면에서 저는 당신이 스스로에게 줄 수 없었던 것들을 주었어요. 그러나 이제 당신은 가슴의 소망을 따를 준비가 되어 있어요.

내 빛나는 눈을 기억하세요. 그것이 우리를 연결할 테니까요. 당신이 내게 생각을 보내면 나는 들을 거예요. 내 생각도 들어 주세요. 나는 당신에게 이미지와 감정으로 올 수도 있어요. 그러니 편안히 그것들을 신뢰하세요.

무수한 사랑을 보냅니다. 저도 때로 두렵고 혼란스러워요. 그러니 내게도 사랑과 함께 내가 항상 너무나 사랑했던 태양 같은 빛을 보내 주세요. 나는 육체에서 자유로워져서 기뻐요. 그러나 여전히 슬프기도 하답니다.

나무가 열매를 맺듯이 우리도 열매를 맺으며 다시 피어날 거예요.

우리는 다시 함께하게 될 거예요. 나는 다각형의 다이아몬드 이미지를 가지고 떠납니다. 그것은 모든 측면으로 빛을 발산할 거예요.

재클린이 다이아몬드에 대한 마지막 문장을 언급하자, 아네트는 오랫동안 흐느껴 울었다. 그리고 말했다.

이 모든 것들이 믿기지 않아요. 나는 삶에서 힘든 시간을 겪어 왔고, 이제 막 내 가슴의 소망에 따라 생각하고 사랑하는 법을 배우고 있어요. 칼은 정말로 어떤 다른 동물보다 태양을 사랑했어요. 우리는 자주 서로의 눈을 응시했어요. 그의 눈은 특별히 빛났어요. 다이아몬드에 대한 놀라운 메시지는 제 심장을 관통하네요. 이 세상 누구도 그 다이아몬드에 대해 알지 못하거든요. 나는 칼을 매장하기 전에, 그를 나무 상자에 넣고 제 다이아몬드 귀걸이 중 하나를 두 발 사이에 넣었어요.

칼의 메시지로 인해 아네트는 어둠과 슬픔의 한가운데에서도 희망의 빛을 볼 수 있게 되었다. 아네트는 슬펐다. 칼이 그리웠기 때문이다. 그러나 한편으로 황홀했다. 이제 그가 영혼으로 살아 있다는 것을 알았기 때문이다.

죽은 동물이 보내는 메시지와 사랑의 교훈에 접근하기 위해 애니멀 커뮤니케이션 기술을 연습하는 것은 도움이 될 것이다. 조용히 깊게 호흡하고, 땅에 두 발을 통해 대지와의 연결을 느껴라. 그리고 정신과 가슴을 동물의 영혼에 열어 보라.

종이와 펜을 준비해서, 동물과의 연결을 느낄 때 올라오는 무엇이든 적어라. 검열하거나 단어를 이해하려 하지 말고, 당신의 손을 자동으로 움직여라. 그저 글이 오게 하라. 만약 당신이 오른손잡이라면, 왼손으로 시도해 보라. 그것은 뇌의 직관적 부분을 활용하는 데 도움이 될 것이다. 처음에는 글을 판독하기 어려울 수 있다. 그러나 괜찮다. 계속해서 적어라. 그러면 당신이 수신하는 것들에 놀라게 될 것이다. 당신의 동물은 아마 이 기회를 놓치지 않고, 당신에게 알려 주기 원하는 모든 것들을 전할 것이다.

🐾

동물들은 대개 죽은 뒤에도 위로와 사랑의 메시지를 전한다. 그들은 확장된 관점으로 삶에 대해 선의의 충고를 한다.

까미유는 월리와 파블로라는 개 두 마리를 각각 6개월 간격으로 안락사시킨 것을 스스로 용서하기 힘들었다. 까미유는 그들과 대화하고, 그들이 안락사에 대해 어떻게 느끼며, 또 현재 어디 있는지 알아보기 위해 애니멀 커뮤니케이터 카렌에게 연락했다. 카렌은 월리에게서 온 다음의 메시지를 전했다.

하나의 에너지가 또 다른 에너지와 함께 있으니 우리는 하나(Oneness)입니다. 과거의 행위는 여기 우리에게 영향을 주지 않아요. 용서는 필요하지 않습니다. 용서할 것이 없으니까요. 당신은 그때 그 순간, 해야 할 일을 정확히 했을 뿐이에요. 그것은 완벽했습니다.

더 이상 그 순간들에 매달려 있지 마세요. 도움이 되지 않아요. 그런 생각들에서 멀어지세요. 그 일은 이미 끝났으니까요. '지금 여기' 그리고 영원히 '현재'에 머무르세요. 오늘과 내일을 즐기세요. 그것을 다시 즐기세요. 그것은 또 다른 오늘이 될 테니까요. 과거와 미래는 중요하지 않습니다. 항상 현재만이 있으니까요.

카렌은 또 파블로에게서도 메시지를 받았다.

그래요, 우리는 현재에 있어요. 우리는 이 우주의 모든 것에 있어요. 그리고 다음은 매 순간 '위대한 현존(있음)'입니다. 그것은 매 순간 창조됩니다. 아무것도 없고 또 모든 것이 존재합니다(There is nothing and There is everything.) 내 육체적 삶의 끝이 저를 이러한 체험으로 인도했어요. 그곳은 우리가 육체로 경험하는 것들 '사이'에 존재하는 곳입니다. 당신이 나를 이곳으로 오게 한 것은 중요하지 않아요. 모든 존재가 그러하듯, 저는 이곳에서 결국 제 길을 찾았으니까요. 제대로 기능하지 못하는 몸에서 놓여나는 것은 제게 큰 평화가 되었어요. 당신의 도움에 감사드립니다.

우리를 돌보다

동물들이 죽은 뒤에도 얼마나 깊이 우리를 돌보려 하는지 알게 되면 놀랍고 가슴이 따뜻해진다. 애니멀 커뮤니케이터 칼라는 한 여성과 한 달 전 죽은 보스턴 테리어 로지에 대해 상담했다.

로지는 반려인의 건강을 걱정했다. 나는 로지에게서 반려인이 가능한 한 빨리 병원에 가야 한다는 메시지를 받았다. 그녀의 가슴 부분이 문제인 것 같았다. 아직 심하지는 않았지만, 곧 심각해질 수 있었다. 개의 영혼이 내 직감을 확인해 주어 무척 안도했다.

나는 그녀에게 이 사실을 부드럽게 전하려 애쓰며, 당신의 개가 안부를 궁금해 한다고 했다. 그녀는 약간 메스꺼움이 있으나 그것 말고는 괜찮다고 했다. 나는 그녀를 똑바로 보며 건강검진을 받을 필요가 있다고 했다. 아마 아무 문제가 없겠지만, 만약 문제가 있더라도 적기에 잡아내면 심각하지 않을 것이었다. 그녀는 그러겠다고 확답했다.

2주 뒤, 나는 그녀에게서 소식을 받았다. 유방에서 작은 암 덩어리가 발견되었으나 적기에 잡아냈다고 했다. 그녀는 눈물을 흘리며 감사해 했고, 만약 내가 자신의 개와 대화하지 않았더라면 절대 병원에 가지 않았을 거라고 했다. 그녀는 내가 목숨을 구하는 데 일조했다고 했다.

애니멀 커뮤니케이터 조지아의 죽은 복서견 카스타는, 우리의 삶에서 동물들의 목적에 대한 우주적 교훈을 전해 주었다.

동물들과 모든 존재의 영혼은 사랑으로 구성됩니다. 그것은 단순한 사랑이 아니라, 특정 존재를 모양 짓는 특정 형태 속으로 합쳐지는 사랑의 조각들입니다. 존재가 형태를 갖추기 시작할 때, 그것은 하나의 위대한 사랑으로부터 만들어집니다. 형태가 이루어지면, 그것은 주고받는 사랑에 열려 갑니다. 존재는 영혼을 담고, 영혼의 전체 목적은 사랑을 모아, 그것이 자라나게 하여, 하나의 단일한 사랑(The One Love)과 합일되게 하는 것입니다. 그것은 점점 더 커져서 종국에는 단지 사랑만이 남습니다.

인간과 함께 사는 동물들은 특유의 형태를 지니고, 개별 인간의 사랑을 돕습니다. 그들은 우리가 사랑에 대해 배우고, 나누고, 주고받도록 돕습니다. 동물들은 어떤 다른 생명체보다 우리가 더 위대한 사랑을 발산하도록 도울 능력이 있습니다. 그들은 우리와 무조건적인 사랑을 나눌 수 있기 때문이지요. 동물들은 대개 인간보다 짧게 생을 살며, 일부 동물들은 한 인간의 생애 내에 이러한 깊이의 사랑을 발산하도록 돕기 위해 다양한 방식으로 일합니다.

우리는 육체를 지닌 존재의 목적을 알며 소중히 여깁니다. 그것은 물리적 차원의 진동을 고양합니다. 사랑은 그 진동을 들어 올립니다. 반려동물이 영원히 육체를 떠날 때, 그들은 인간에게 영혼은 다른 차원으로 가지만, 다른 형태로 존재한다는 것을 가르칩니다. 많은 동물의 영혼들은 육체를 입고 다시 돌아오기로 선택하며, 다른 사람에게로 가서 그 사람의 진동을 고양합니다. 동물에 대한 이해와 공감과 무조건적인 사랑과 수용으로 인간들은 그들의 경계와 스스로 정한 한계를 넘어 나아갈 수 있습니다.

동물들이 모든 인간의 영혼과 접촉할 때, 무조건적인 사랑은 더 크고 더 강해져서 우주의 진동과 사랑의 수준에 영향을 미칩니다. 이것은 심지어 그것에 대해 알지 못하는 이들에게도 사랑을 퍼트리게

합니다. 동물들은 우리와 나눌 수 있는 사랑으로 너무나 충만하여, 우리는 함께 모든 영혼이 스스로 치유하고 다시 전체가 되도록 도울 수 있습니다.

🐾

나와 함께 애니멀 커뮤니케이션을 공부한 딕시는 여동생의 고양이가 안락사하기 전날 밤, 자신의 로열 파이톤 뱀 와이즈 원(Wise One, 현명한 자)으로부터 메시지를 받았다. 딕시는 고양이가 아프던 내내, 특히 죽기 마지막 며칠 동안 계속해서 접촉했다. 그녀는 고양이가 죽기 전날 밤 큰 슬픔에 잠겼다. 비탄에 잠겨 있던 중, 그녀의 뱀이 숨어 있던 상자에서 나와 골똘히 그녀를 쳐다보았다. 딕시는 와이즈 원이 중요한 할 말이 있다는 것을 알고, 함께 앉아 죽음에 대한 그의 메시지를 경청했다.

죽음은 단지 숨을 내쉬는 것이에요. 모든 삶에는 리듬과 순환이 있어요. 영혼은 형태가 되고 형태는 영혼이 됩니다. 그렇게 계속됩니다. 형태의 소멸을 슬퍼하는 것은, 흐르는 빛처럼 유동적이며 영원히 현존하는 영혼의 위대함을 놓치는 것이에요. 우리 모두에게는 영원성이 있어요. 우리는 시작도 끝도 없어요. 우리는 매 순간, 동시에, 영원히 존재합니다. 우리는 상상할 수 있는 것보다 훨씬 더 크고 아름답습니다. 소중한 누군가가 죽을 때, 우리의 심장을 떠나는 빛의 입자와 되돌아오는 빛의 입자가 있습니다. 우리는 서로의 일부니까요. 이러한 교환은 서로에 대한 우리의 사랑의 선물이에요. 나는 당신의 가슴속에서 변화하는 것에 대한 유연함을 느낍니다. 죽음은 영원한 지금(now)으로 발을 내딛는 것입니다.

죽음은 삶의 신비 속으로 들어가는 관문입니다. 우리는 매일 죽음의 문지방에 서 있어요. 우리는 매일 조금씩 죽어 가고, 끊임없는 변화의 상태에 있지요. 우리의 어떤 부분도 고정되어 있지 않아요. 우리는 끊임없이 움직이고, 변화하며, 새로워집니다. 우리는 조수의 밀물과 썰물과 같고, 달이 차고 이지러짐과 같습니다. 우리는 끊임없이 되어 가는 '과정'에 있어요. 우리의 모든 세포에는 영원성이 담겨 있습니다. 존재하는 모든 것의 광활함이 우리 내면에 있습니다.

죽음에는 다양한 측면들이 있지만, 인간은 오직 육체의 죽음에만 초점을 두지요. 죽음에는 그 이상의 의미가 있습니다. 죽음은 하나의 영역에서 또 다른 영역으로 이행하는 통로입니다. 죽음으로의 변천은 유동적이고 부드럽고 쉽습니다. 형태의 변화는 모든 생명체에게 자연스럽게 다가오지만, 오직 인간만이 죽음에 저항합니다. 인간은 미지의 것을 두려워하기 때문이지요. 죽음은 우리 모두에게 다가옵니다. 그것은 삶이라는 여정의 종착지에서 우리를 기다리는 부드러운 것입니다. 우리는 스스로 사랑의 현존으로 해방되어, 우리의 확장된 자기들(selves)*의 장엄함을 깨닫게 됩니다. 죽음은 삶의 선물입니다.

---

* 분석심리학에서 자기(self)란 좁은 의식적 '자아(ego)'에서 의식하지 못하는 무의식적 부분까지 확장되어 인격의 전체성을 실현하는 마지막 단계를 의미한다. 그런 면에서 페넬로페가 말하는 전체성(wholeness)이나 통일성(Oneness)과 맞닿아 있다.

9장
동물의 귀환(환생)

❧

떨어지는 것은 무엇이든지 땅에 오래 머무르지 않는다.
모든 죽음은 새로운 생명을 얻고, 순환은 완성된다.

－쇠콘도르

일부 사람들은 현재의 반려동물을 전생의 동물이나 심지어 동반자로 알아본다. 확인해 달라고 요청하면, 나는 거의 매번 해당 동물과 접촉하여 그들의 의구심을 풀어 준다. 때로 사람들은 비슷한 습성이나 행동을 통해 그들의 동물을 알아본다. 종과 품종이 달라도 사람들은 대개 특정 존재의 에너지를 인식한다. 그들은 이전에 그 동물과 함께했던 고유한 느낌을 경험할 수도 있다.

상담 과정에서 전생과 관련해 질문하면, 동물들은 종종 그들이 살았던 생애에 대해 전한다. 그들은 현재의 모습으로 삶을 즐기기에, 대개 전생에 대해 생각하거나 인지하지 못하지만, 어떤 문제를 해결해야 한다거나 현재 삶에서 사람들과 더 깊은 관계를 맺는 데 도움이 된다면, 대부분 전생을 기억하는데 눈떠 간다. 많은 사람들은 사회화라는 장벽으로 인해, 특정 경험으로 이전의 기억이 일깨워질 때조차 전생을 잊거나 부정한다. 그러나 전생 회귀 상담에서 많은 이들이 (사후 영혼이 되어서도 계속되는) 영원한 존재의 장막을 뚫고 결국 기억해 낸다.

나는 전생 회귀 상담에서 과거의 많은 것들을 기억해 냈으며, 섬광처럼 번뜩이는 전생과 유사한 상황과 장소들에 고무되었다. 상담 과정에서 나는 전생의 트라우마를 보고, 배출하며, 현재 상황들과의 연관성을 알아차림으로써, 현생의 정서적 문제와 육체적 문제까지 해결할 수 있었다. 또 나는 상담자로서 수많은 사람과 동물들이 그들 전생의 양상들을 보도록 도왔다. 그것은 심오한 정서적·신체적 해소를 촉진함으로써, 만성적인 문제와 질병까지 즉시 그리고 극적으로 변화시키고 개선했다. 여러 생애를 여행하며, 우리는 영혼으로써 다양한 문화들에서 다양한 모습으로 다양한 현실을 체험할 기회를 얻을 수 있다.

애니멀 커뮤니케이터 재클린 스미스는 중국에서 전생을 회상하는 동안, 일련의 문자나 상징들을 칼럼에 적었다. 그녀는 친구에게 그것들을 고대 언어학 교수에게 보여 달라고 부탁했다. 교수는 깜짝 놀라며, 모든 상징이 중국의 특정 고대 방언에서 유래되었다고 했다. 이러한 체험 이후 재클린은 전생이 실재한다는 것을 알게 되었다. 그녀는 중국어를 전혀 공부한 적이 없었기 때문이다.

나는 동물과 인간의 상처와 혼란을 덜어 주어, 죽음 이후의 변화를 돕는 영광을 누려 왔다. 애니멀 커뮤니케이터들은 인간과 동물이 원하면 그들이 재회하게 도울 수도 있다. 모든 사람들은 주파수를 맞추어 이전에 우리가 알았던 존재들을 알아볼 수 있는 능력을 지니고 있기 때문이다.

왜 동물들은 같은 사람에게 되돌아올까?

때로 돕고, 안내하고, 봉사하려는 과업을 지속하기 위해서다. 어떤 동물들은 당신이 그들 없이 살아갈 수 없다고 느낀다. 한 고양이는 17년이라는 시간이 반려인을 돌보고 깨닫게 하기에는 충분하지 않았다고 했다. 그녀는 적어도 17년이 더 필요했고, 그래서 다시 고양이의 모습으로 나타나 자기의 일을 계속했다.

종종 동물들은 바로 되돌아오지 않으며 영계에서 해야 할 일들이 있다. 또 어떤 동물들은 다른 곳에서 환생하거나, 심지어 인간으로 환생하기도 한다. 당신은 몇 년이 지나 그들이 여러 생을 산 뒤에야 그들을 다시 보게 될 수도 있다. 심지어 당신들의 유대는 수백 년이나 수천 년을 거슬러 갈 수도 있다.

동물들은 종종 영혼의 안내자로 우리가 삶의 힘든 시기를 극복하게 하며, 사랑과 기쁨에 눈뜨게 한다. 그들은 자신들의 목적에 대해 매우 잘 알고 있으며, 영계에서 계속 우리를 돌보거나 혹은 새로운 육체로 환생하기도 한다. 그것이 서로에게서 배울 수 있는 최고의 방법이라면 말이다.

한 여성이 자신의 고양이 설레스트가 마당에서 사라지고 나서 한 주 뒤에 내게 전화했다. 나는 약간의 흙과 덤불이 있는 차고 옆에서 고양이의 위치를 감지하고 묘사해 주었다. 고양이는 너구리에게 공격 당한 것으로 느껴졌다. 반려인은 내가 묘사한 장소가 이웃집 마당 같다고 했다. 그녀는 그곳으로 갔고, 고양이가 엉망이 된 채 죽어 있는 것을 발견했다. 여성은 자신의 고양이에게 무슨 일이 있었는지 알고 안도했으나, 한편 상실감으로 몹시 괴로워했다.

나는 설레스트의 영혼과 주파수를 맞추고 그녀가 공격 당한 즉시 몸에서 떠난 것을 알 수 있었다. 그녀는 고통으로 발버둥치지 않았다. 그러나 자신의 육체가 다시 일어나 집으로 갈 수 있기를 소망하며 한동안 몸 주변을 배회했다.

반려인은 자책하며, 고양이를 죽게 한 환경에 슬퍼했다. 나는 고양이가 반려인에게 어떤 안 좋은 감정도 담고 있지 않다고 알려 주었다. 그리고 매우 잘 지내고 있으며, 환생해서 다시 그녀의 반려묘가 되고 싶어 한다고 전했다.

동물들이 반복해서 같은 사람과 함께 있고 싶어 하는 것은 흔한 일이다. 그들은 인간이나 동물로 다양한 역할을 하며 여러 생을 함께해 왔을 수도 있다. 비록 모습과 특징이 달라도, 영혼은 그들의 에너지와 대화와 존재 방식으로 서로를 알아본다.

바바라의 고양이 웜지는 영리하고, 호기심이 많고, 사람을 잘 따랐다.

윔지가 죽은 지 2년 뒤, 매직이라는 고양이가 바바라의 삶으로 들어왔다. 윔지의 몸이 더 작고 정교하며 더 유연하게 움직이고 또 암컷이었지만, 바바라는 두 고양이 모두 검은색 털이라는 데 주목했다. 매직은 수컷이며 몸집이 꽤 크고, 움직임이 다소 서툴렀다. 그러나 바바라는 매직을 안았을 때, 윔지가 환생했다는 것을 알았다. 두 고양이의 개성은 매우 달랐으나, 바바라는 자신의 강인한 동물 스승의 결단과 집중력과 오래된 지혜를 알아볼 수 있었다.

친구들은 함께하고 싶어 하며, 비슷한 정신과 목적을 지닌 영혼들은 유사한 경로를 여행하면서 종종 생을 넘어 서로를 발견한다. 우리가 모든 생애마다 같은 존재들과 함께하는 것은 아니지만, 우리와 친밀했던 대부분의 사람과 동물들은 이전에 하나 혹은 그 이상의 많은 전생에서 함께해 왔다.

그들은 이전의 반려동물이었거나 혹은 전생에 인간 친구나 혈육이었을 수도 있다. 이것은 때로 역할을 혼란스럽게 한다. 예를 들어, 당신에게 엄마처럼 행동하는 강아지나 당신을 연인으로 생각하는 고양이가 있다고 생각해 보라. 그러나 과거의 연관성을 인식하고 인정하는 것만이 현재의 모습으로 건강하고 균형 잡힌 관계를 이루는 데 필요하다. 영혼은 무한하며 어떤 것이든지 될 수 있다. 그러나 육체는, 특히 다른 종일 경우, 종의 문화에 따라 이해 가능한 한계 내에서 서로 관계 맺는다.

나의 많은 동물 가족들은 수년에 걸쳐 되돌아와, 내가 사람들에게 종들 사이의 의사소통에 대해 가르치도록 도왔다. 내 귀여운 햄스터 토마스가 죽었을 때, 그는 천사들의 영계로 상승해서 따뜻하고 흰 금빛 에너지를 보내 주었다. 그는 다시 환생하지 않을 것 같았다. 그리고 몇 달 뒤, 내 다른 반려 쥐들이 죽은 이후 새로운 반려 쥐를 얻게 되었는데, 키리라는 아름다운 영혼이 왔다. 그녀의 사랑스러움을 친구에게 묘사하면서, 나는 그녀가 토마스의 환생이라는 것을 알아차렸다. 그가 암컷 생쥐로 되돌아온 것은 정말로 예기치 못한 기쁨이었다.

역할 변화

해결되지 않은 전생의 과제가 이번 생의 해결해야 할 문제로 떠오를 수 있다. 캐럴이라는 여성이 전화를 걸어 와 자신의 2살짜리 강아지 나타샤가 정서적 곤경과 잇따른 신체적 문제로 고통 받고 있다고 했다. 나타샤는 치료 도우미견이었고 정서적으로 고통 받는 사람들을 도왔다. 캐럴은 이 일이 나타샤에게 너무 스트레스가 되는 것 같다고 생각했다.

나타샤와 접촉하고 대화하는 것은 가슴 설레는 경험이었다. 그녀는 엄청난 인식과 영적 깊이를 지닌 놀라운 존재였다. 그녀는 캐럴과 친밀했으며 깊은 유대감을 느꼈다. 이번 생에서 나타샤의 문제는 캐럴과의 관계와 치료 업무에 의한 것이었다. 나타샤의 문제를 치료하면서 이것이 전생에 근거하고 있음이 표면화되었다.

나타샤는 고대 이집트에서의 삶을 회상했는데, 그 당시 그녀는 사원에서 치유 작업에 종사했다. 그녀의 현재 반려인 캐럴은 사원의 여사제 치료자였고, 나타샤는 캐럴의 남성 조수로서 그곳에 온 사람들의 치료를 돕는 사원의 개들을 담당하고 있었다. 개들은 매우 민감하며 영적으로 깨어 있었다. 사람들이 신체적·정서적·영적 문제를 안고 절에 오면 개들은 사람들의 고통을 덜어 주기 위해 그들의 고통을 대신 떠맡곤 했다. 때로 그것이 개들에게 극심한 고통을 주었고 심지어 죽음까지 초래했다.

나타샤는 개들을 사랑했고 그들이 겪은 고통에 죄책감을 느꼈다.

나타샤는 전생의 감정과 사건들과 패턴을 묘사하면서 극심한 비탄과 고통스러운 감정들을 배출해 냈다. 그녀는 책임감을 느끼고 있었음을 깨달았다. 그리고 이번 생에 개로써 사람들을 도우며 똑같이 고통 받아야 한다고 느꼈다.

그 사건에서의 고통이 해소되자, 나타샤는 더 이상 자신을 희생하지 않겠다고 선언했다. 나타샤는 캐럴에게, 자기들 둘 다 자신을 소홀히 하면서, 다른 이들에게 너무 많은 책임감을 느끼며 치료하려 했던 데에서 놓여나 휴식을 취할 필요가 있다고 충고했다. 나타샤는 나를 통해 캐럴에게 말했다. "나는 휴식이 필요해요. 어떤 요구나 명령 없이 단지 기쁨만을 경험하고 싶어요. 아마도 우리의 시간은 끝나 가고 있어요. 이제 우리는 함께 웃고 근심을 놓아 버릴 수 있을 거예요. 나는 안도합니다. 이제 함께 하는 것에서 평화가 올 거예요."

우리가 나타샤와 원거리 대화와 치유 작업을 하는 동안, 캐럴은 놀라운 에너지를 경험했다. 캐럴이 말하기를, 치료가 시작되었을 때 나타샤는 밖에 있었지만, 곧 방으로 들어와 자신에게 함께 앉아 명상하자고 요구했다고 한다. 그들은 그 경험 내내 함께 앉아 있었다. 그러는 동안 나타샤는 눈에 띄게 변화해 갔다.

🐾

우리의 역할은 우리가 선택한 삶의 설계에 따라 생애마다 변화할 수 있다. 애니멀 커뮤티케이터 재클린 스미스는 역할 변화의 몇 가지 흥미로운 실례를 제시한다.

유쾌한 파나마 앵무새 셜리는 현재 반려인 래리와 여러 생을 함께
했다. 한 생에서 그녀는 남아메리카에 금강 앵무새였고, 래리는 그녀
의 부러진 날개를 치료해 준 어린 인디언 소년이었다. 수년에 걸쳐
그들은 가까워졌고 서로 텔레파시로 대화했다. 소년은 성인이 되자
아내를 얻었고 아이도 세 명 생겼다. 앵무새는 힘든 변화와 환경으
로 인해 갈 곳을 잃었다고 느꼈다. 이후 앵무새는 그녀의 인간보다
더 오래 살았고 희망을 잃었다.

또 다른 생에서, 앵무새 셜리는 래리의 딸이었다. 그녀는 식물의 생
을 연구하는 아빠(래리)와 아프리카에서 살았다. 래리의 아내는 딸
이 세 살이었을 때 열병으로 죽었다. 이후 딸은 영국으로 가 간호사
가 되었고 결혼했다. 그녀와 남편은 여러 해가 지난 뒤 아버지의 집
으로 되돌아왔다. 아버지가 돌아가자 그들은 그를 아프리카에 매장
했다.

현생에서 셜리는 강한 영혼의 결속으로 인해 래리와 함께하는 것이
얼마나 중요한지 전했다. 나는 그들 사이에 긴밀한 연결을 느낄 수
있었다. 그들은 이번 생에도 함께하기로 선택해 그들의 경험을 지속
했다.

이번에 셜리와 래리는 도시에 살았고, 꽤 다른 모습이었다. 셜리가
큰 도시에 사는 앵무새의 삶을 선택하면서 그들의 관계는 더욱 돈독
해졌다. 앵무새는 새장에서 60년 이상 살 수 있어서, 그녀는 이번에
도 래리보다 더 오래 살지 모른다.

한번, 셜리는 아파트를 벗어나 시카고 일대를 날아다녔다. 래리는 앵

무새가 돌아오면 보상하겠다는 실종 광고를 내걸었다. 셜리가 안전하게 돌아왔을 때, 래리는 말했다. "나는 그녀와 함께하기로 예정되었다는 것을 알았어요."

동물이, 특히 새가 수백만 명의 사람들이 거주하는 거대한 도시에서 길을 잃었다가 발견되어 돌아온 것은 신의 개입임에 틀림없다.

어느 날 동물원에서, 나는 한 고릴라와 특별히 강한 가슴의 연결을 느꼈다. 고릴라는 야생에서 잡혀 왔다. 나는 그녀에게 대화하고 싶은지 물어보았다. 그녀는 바깥의 공기와 풀밭에 앉아 있기를 무척 즐겼었다고 나직이 말했다.

그녀는 나와 얼마간의 전생 경험들을 나누었다. "매번 그런 것은 아니었지만, 나는 여러 생애 동안 고릴라였어요. 그리고 나는 고릴라를 연구하고 그들과 함께 살던 남자였습니다. 나는 그들이 느끼는 것과 자기들의 세상을 인지하는 법을 완전히 이해하고 싶었어요. 그래서 고릴라가 되기로 선택했습니다. 나는 엄청나게 많은 것들을 배우고 있어요. 그리고 다시 인간이 되어 언어로 고릴라에 대해 가르칠 겁니다. 나는 사육 상태로 고릴라에 대해 배우고 있고, 또 인간들에게 고릴라에 대해 가르치고 있습니다.

찰리는 푸들이었다. 그는 반려인 테드와 다시 만난 이유가 유사한 성격 패턴에 대해 서로에게 배우기 위해서라고 했다. 찰리는 2살짜리 떠돌이개였을 때 테드를 만났다. 찰리가 말했다.

"우리는 같은 어조와 빛과 리듬에 공명했어요. 이것을 말로 옮기는 데는 한계가 있어요. 그저 느껴 보세요. 그러면 당신도 이해할 거예요."

찰리는 테드에게도 말했다.

"서로 이해하며 우리의 시간을 함께해요. 이번 생에 당신은 인간으로서 그리고 나는 개로서, 우리가 이 육체로 태어나기 전에 함께하기로 했던 새로운 유대감을 알게 될 거예요. 때로 관계를 이해하는 데 인간의 몸보다는 동물의 몸으로 있는 것이 유리해요. 나는 우리가 다른 생에서보다 더 깊게 연결되기를 소망합니다. 우리는 많은 생들을 함께해 왔어요. 우리가 서로 동등하게 가르치고 배울 수 있다는 것을 아는 것이 중요합니다."

특정 인간의 철학과는 반대로, 이러한 예들은 동물이 인간보다 열등하지 않다는 것을 보여 준다. 영혼은, 인간이든 동물이든 높은 이상을 가지고 의식적으로 다른 이들이 진화하도록 봉사할 수 있다.

전생 모방

동물들은 자라면서 주변의 다른 종들을 모방하기도 한다. 그러나 특이한 행동 패턴은 전생의 영향 때문일 수도 있다. 나의 반려 토끼 가운데 한 마리는 죽어서 기니피그로 되돌아왔다. 집에서 첫 며칠 동안 그녀는 새로운 몸에 익숙해질 때까지 마치 토끼처럼 뛰었다. 또 나는 고양이 한 마리를 만났는데, 가장 최근의 전생에서 토끼였던 습성이 보였다. 그녀는 현재 고양이의 몸에 토끼였을 적에 좋아하던 것들을 적용하고 있었다. 한 겁 많은 개는 인간과의 삶에 적응하는 데 어려움이 있었다. 전생에 사슴이었던 그대로 생각하고 행동했기 때문이다.

그러나 다른 동물처럼 행동하는 것이 항상 전생의 영향 때문이라고 할 수는 없다. 개별 동물과의 텔레파시 대화를 통해 그런 존재 방식에 대한 독특한 경험과 이유가 드러날 것이다.

사람들이 투사와 고정관념이 아니라 진실로 동물들의 마음을 경청할 때, 동물들은 눈에 띄게 호의적으로 반응하며 긍정적으로 변화한다. 살아 있는 동물들의 대화를 듣기 위해 연습할 때, 당신은 그 인상들이 정확한지 알 수 있다. 동물들은 대체로 긍정적으로 반응하며, 실제 진행되는 일들에 대한 이해를 통해 그들의 행동 상황을 해결하기 쉽기 때문이다. 죽은 동물들과의 대화는, 동물들이 생전의 현실과 부합하는 세부 내용을 전한다 해도 다소 덜 분명하다. 그러나 죽은 동물들과의 대화 역시 반려인들의 가슴에 진실로써 공명하며, 그 진실은 죽음과 죽어 가는 과정의 정서적이고 영적인 양상을 해결하는 데 도움이 된다.

인간처럼 행동하거나 인간에게 흥미를 갖고 반응하는 많은 반려동물들은 전생에 인간으로 살았거나 그들을 돕던 가축이었을 가능성이 높다. 인간사회에서 긍정적이었던 전생의 경험들로 인해 그들은 쉽게 사람들과의 삶에 적응한다. 그들은 사람들이 생각하는 방식에 조율하며, 마음속으로 인간의 언어로 말할 수도 있다. 이것은 한편 어떻게 일부 젊고 특출나게 비범한 인간들이 소생하거나 혹은 전생에 통달한 능력을 간단히 수행해 내는지와도 부합된다. 많은 동물이 전생의 영향을 깨닫지 못한다고 해도, 그들은 사회적으로 조건화된 인간과는 달리 전생에 대해 질문 받으면 대개 빠르게 그 기억들에 눈떠 간다. 전생의 영향에 대해 알게 되면, 현생의 문제를 이해하고 해결하는 데 도움이 된다.

한 여성이 내게 전화했다. 그녀의 셰틀랜드 십독* 닉이 훈련 시 회수용으로 이용하는 덤벨을 가져오지 않았기 때문이다. 내가 방으로 들어섰을 때, 닉은 다른 사람들에게 하던 것처럼 무시하는 태도로 대했다. "오, 또 한 명이 왔네?"

나는 앉아서 여성에게 말하고 나서 닉을 바라보았다. 그가 마침내 주목하고, 내가 그의 생각을 이해할 수 있다는 것을 알았을 때 반응은 우스꽝스러웠다. 닉은 천천히 구석으로 뒷걸음질 치더니 놀라서 할 말을 잃고 나를 쳐다보았다. 반려인은 그의 반응에 놀라며, 전에는 그가 그렇게 행동하는 것을 본 적이 없다고 했다. 닉은 사람들이 자신이 무슨 생각을 하는지 아는 것을 원하지 않았고, 자기의 생각을 이해할 수 있는 사람을 만나리라 예상하지도 못했다.

충격에서 회복되자, 닉은 인간과 개의 게임이 자신의 수준에 맞지 않는다고 여겼다고 했다. 내가 좀 더 질문하자, 그는 챔피언 경주마로서 누구보다 우월하게 느꼈던 전생을 회고했다. 반려인은 닉의 목에 목줄도 다른 셰틀랜드 십독의 것과 다르다고 했다. 닉은 심지어 말처럼 발도 굴렀다.

나는 영적 존재로서 그의 품위를 존중하고, 자아상을 인정했으며 그리고 나서 현재의 상태로 새롭게 방향을 조정했다. 닉은 그가 얼마나 전생을 재현하고 있었는지 깨닫지 못했다. 자기가 하던 행동을 인지하고 좀 더 편안해지자 그의 오만함은 누그러졌다.

닉은 실제로는 개 훈련을 즐기는 것으로 드러났다. 그러나 그는 반려인에게 협력하며 즐기는 대신 자신이 주도하고 있다는 것을 보여 줘야

---

* 양치기 개의 일종. 다정하고 참을성이 강하며 복종적이다.

한다고 생각했다. 반려인은 닉에게 많은 사랑의 돌봄과 관심을 주어서, 나는 닉에게도 똑같이 되돌려 주어야 한다고 말했다. 사람들이 훈련을 너무 수고롭지 않고 재미있는 놀이로 만들 수 있다면 도움이 된다. 하지만 반려인은 이미 그렇게 하고 있었고, 문제가 되는 것은 닉의 태도였다. 이제 닉은 삶에 대한 방어를 내려놓고 기꺼이 개 훈련 시합에 협조할 수 있게 되었다.

오푸스는 네바다 주 라스베이거스에서 새끼 길냥이로 발견되었다. 그는 거칠었지만, 반려인은 그를 특별히 사랑했고, 내게 도움을 구하러 전화했다. 장거리에서 고양이를 진단했을 때 오푸스는 6살이며, 중성화가 되어 있었고, 몸무게는 대략 9킬로그램이었다.

그와 함께 전생을 들여다보고, 나는 그의 메인쿤* 어미가 사막에 버려졌고 야생 고양이로 생존한 사실을 알게 되었다. 어미는 수컷 고양이와 짝짓기를 하고 출산했지만, 약 4주 뒤 새끼 두 마리를 모두 버렸고, 단지 한 마리만 살아남았는데 그것이 바로 오푸스였다. 그를 발견한 사람은 고양이를 허용하지 않는 아파트에 살았는데 오푸스는 거의 항상 쉬지 않고 울어 댔다. 그녀는 이 상황을 멈출 수 없었고, 결국 둘 다 쫓겨날 위기에 처하자 내게 전화한 것이다.

나는 오푸스가 흙과 접촉하며 야외활동을 할 필요가 있다는 것을 알게

* Maine Coon : 털이 풍부하고 색깔이 다양한 대형 애완 고양이.

되었다. 그러나 반려인은 맞춰 줄 수 없었다. 결국 오푸스는 점점 거칠어져서, 목줄을 하고서도 어디로든 데려가기 힘들어졌다. 게다가 여성은 집주인에게 발각될까 봐 두려워했다.

여성과 고양이는 전생에 미국의 인디언이었고, 자연과 조화롭게 대지에서 살았다. 그들은 다시 만나기로 조약을 맺었다. 오푸스는 이후 퓨마가 되었고, 나중에 호랑이와 사자들의 야생동물 조련사가 되었다. 조련사였을 때, 그는 고양이들은 사랑했지만, 사람들과 어울려 지내는 데는 어려움이 있었다. 이후에 그는 스라소니로 살았고, 그러고 나서 현재 그의 메인 쿤 고양이 어미에게서 태어났다. 그에게는 인간의 문명을 피해 자연과 더불어 사는 것과 현재 반려인과 함께 살고 싶은 바람 사이에 갈등이 있었다.

나는 그에게 흙과 접촉하며 야생 에너지를 발산할 수 있는 일종의 야외 울타리가 필요하다고 느꼈다. 그러나 반려인은 현재 상황에서 이러한 것들을 제공할 수 없었고 이사할 만한 경제적인 여유도 없었다. 나는 반려인에게 그의 감정을 완전히 인정하고 이해해야 하며, 그가 이용할 수 있도록 흙과 풀이 있는 큰 상자를 주고, 미래에 가능해질 때 안전한 야외 공간을 제공하라고 권했다. 그녀는 몇 주 후 내게 전화해, 우리가 상담한 이후 오푸스가 단지 한 번만 울었으며, 그녀가 전적으로 그의 마음을 인정해 주자 조용해졌다고 알려 주었다.

에밀리는 다루기 힘든 고양이로, 사람들에게서 도망쳤다. 나는 그녀가 벼룩 방지용 목걸이를 착용하고 있다는 걸 감지했는데 그것이 자극의 원인이었다. 벼룩 방지 목걸이는 독성 효과가 있을 뿐 아니라 에밀리에게 끔찍한 죽음의 기억을 상기시켰기 때문이다. 그리고 그것이 바로 현재 에밀리가 통제 불능이 된 원인이었다. 나는 먼저 목걸이를 제거하고 나서 에밀리를 상담했다. 그녀는 최근의 전생에서 숲속에 살았던 야생 고양이였고, 철사 덫에 걸려 몇 시간을 매달려 몸부림치다 죽었다. 나는 그녀와 작업하며, 이 기억에서 오는 두려움과 고통을 배출하도록 도와주었다. 반려인은 상담 후 에밀리가 극적으로 변화되었다고 말했다. 도망치거나, 할퀴고 무는 대신 이제 에밀리는 반려인의 무릎에 안겨 애정을 즐길 수 있었다.

이러한 예들로, 우리가 때로 얼마나 오래된 패턴을 지속하는지 또 우리가 종에 상관없이 서로 생애마다 얼마나 놀라운 영적 관계를 맺을 수 있는지 알 수 있다. 동물이 당신에게 되돌아오리라는 보장은 없지만, 그것은 고려해 볼 만한 또 다른 관계일 수 있다. 만약 동물이 당신과 함께할 임무가 있거나 그것이 그들에게 적절한 것이라면, 당신은 그들이 돌아오도록 요청할 수 있다. 어떤 방식으로든 우리는 다시 만나고 항상 영원으로 연결될 것이다.

부인할 수 없는 증거

동물들은 때로 그들의 귀환에 대해 부인하기 힘든 증거를 제시한다. 그들은 놀랍고, 뜻밖이며, 신비한 방식으로 되돌아온다. 여기 몇 가지 실례

가 있다. 애니멀 커뮤니케이터 베티, 그레이트 데인* 그리고 개의 귀환에
대해 흥미진진한 경험을 들려주는 휘핏** 브리더의 이야기이다.

태슬은 특이한 얼룩이 있는 그레이트 데인이었다. 그녀는 태어난 지
3개월 만에 다리가 부러졌지만 회복했고 적당히 건강했다. 3살 때는
추적견으로 타이틀도 땄다. 심지어 태슬은 특별한 '재주'도 있었다.
개들이 밖으로 나갈 때, 우리는 나무 울타리가 쳐진 마당에 있는 개
들의 소리를 들을 수 있도록 소 방울을 목줄에 달아 두었다. 개들이
외출할 때면 목줄을 맸고, 실내에서는 목줄을 문 옆 고리에 매달아
두었다. 그런데 태슬은 우리가 30년간 그레이트 데인을 키우는 동안
유일하게 밖으로 나가기 위해 벨을 울리는 법을 습득한 개였다.

그러다 갑자기 불행이 닥쳤다. 태슬은 원인 모를 고열에 시달렸다.
수많은 전인 치료와 대증요법으로도 열은 가라앉지 않았고, 우리는
결국 그녀를 잃었다.

우리는 전에 휘핏을 얻기로 했지만, 여러 이유로 미루었다. 우리는
휘핏 강아지를 알아보는 절차를 밟았으나 좀 더 나이 든 개를 얻게
되었다. 그녀의 이름은 헤븐***이었다. 나는 마음이 심드렁해서 별다
른 미묘한 점을 포착하지 못했지만, 그 이름의 중요성만은 놓치지
않았다.

헤븐이 우리에게 왔을 때는 9개월 된 강아지였다. 집에 온 지 2시간
도 안 되어 그녀는 유유히 목줄이 있는 곳으로 가서 벨을 울렸다.

* Great Dane : 독일에서 개량된 대형견 품종.
** 사냥과 속도를 위해 사육된 날씬한 중형견. 경주용 품종과 관련 있다.
*** '천국' 혹은 '하늘'이라는 뜻.

헤븐이 도착한 직후 태슬이 꿈에 나타났다. 그녀는 내게 자신의 헤일로*를 보낸다고 했다. 의심할 바 없이 나는 헤븐을 헤일로로 개명했다. 그녀는 태슬의 선물이었다.

헤일로는 내게 사랑스러운 새끼들을 주었고, 우리는 함께 많은 경쟁 대회에 나가는 것을 즐겼다. 휘핏은 건강한 종으로 알려졌기 때문에, 나는 그녀가 대략 11살까지는 살 것이라 예상했다.

헤일로가 8살쯤 되었을 때, 나는 또 다른 휘핏 강아지를 들여오는 것에 대해 생각하기 시작했다. 품평회에서 경쟁하던 게 그리웠기 때문이다. 하지만 우리는 이미 가족으로 안락했기 때문에 진지하게 추진하지는 않았다. 우리에게는 그레이트 데인 두 마리와 휘핏 두 마리가 있었기에 나는 이따금 그것에 대해 생각하는 것 이상으로 나아가지 않았다. 그러나 헤일로는 내 생각을 분명한 기정사실로 고려했고, 나는 몇 주 동안 그것에 대해 알지 못했다.

어느 날, 매주 몸단장을 하는 동안 헤일로의 사타구니에서 어떤 덩어리가 감지되었다. 4일이 지나기 전에 덩어리는 몸 전체로 퍼졌다. 나는 수의학 기술을 훈련 받은 적이 있어서, 내가 보고 있는 것이 림프종이라고 확신했다. 수의학 검사로 나의 의혹을 확인하고 나서, 나는 헤일로가 병을 극복하도록 도울 방법을 찾아다녔다. 우리는 수많은 전인 치료와 대증요법에 관한 조언들을 따랐지만, 어떤 것도 그녀의 상태를 바꾸지 못했다.

헤일로에게는 내가 바꿀 수 없는 한 가지 의제가 있었다. 첫 번째 혹이 생기고 마지막까지 단 5주밖에 걸리지 않았고, 그녀는 결국 떠

---

* 머리의 '후광' 혹은 '신성'이라는 의미도 있다.

났다.

우리는 모두 울었다. 너무 불공평한 것 같았다. 나는 평균 수명이 8년인 그레이트 데인들과 35년을 함께해 왔는데, 영원히 살 것 같았던 휘핏을 8년 반 만에 잃은 것이다.

그러나 헤일로는 떠나지 않았다. 그녀는 특별한 계획이 있었고, 자신이 정한 역할을 이루리라 의도했다. 그녀는 죽은 이후 그것에 대해 말해 주었다.

먼저, 그녀는 가족 내에서 유일한 휘핏이 아니라는 데 분개했다. 그녀는 이미 있던 그레이트 데인들의 동의하에 가족의 일원이 되었다. 또 그녀는 새끼들을 가지는 데 동의했으나, 우리가 그들 중 한 마리를 키울 것이라고는 예상하지 못했다. 그녀는 그것은 원래 맺었던 협상이 아니라고 생각했다. 그러나 자신의 새끼였기 때문에 허락했는데, 내가 또 다른 강아지에 대해 생각하기 시작하자 이제 결단해야 할 때라고 결심한 것이다.

그러나 그것이 큰 의제는 아니었다. 그녀는 자신이 영계에서 안내한다면, 나와 다른 강아지들에게 좀 더 유익하리라 생각했다고 알렸다. 그녀가 스스로 정한 첫 번째 과업은 내게 휘핏 강아지를 찾아 주는 것이었다. 헤일로를 내게 처음 데려왔던 브리더에게 내가 관심이 가는 새끼 강아지가 있었다. 그러나 암컷은 3마리뿐이었고, 나는 세 번째로 선택권이 있었다. 나는 강아지들의 사진을 처음 보았을 때부터 단지 한 마리만 생각했었기 때문에, 이 새끼 무리에게서 강아지를 얻을 수 없을 것이라 거의 단념했다. 나는 꽤 구체적인 요구 조건들도 있어서, 이번에 새끼를 얻지 못하면 상황적으로 자연스럽게 다른 강아지를 얻게 되기까지 꽤 시간이 걸릴 것이었다.

나는 헤일로에게 말했다. "만약 네가 정말 죽었고 그래서 내가 다른 강아지를 얻을 수 있다면, 이 강아지가 그렇게 되게 해 줘." 다음날 아침, 이메일이 왔다. "그 강아지를 원하시면 오늘 데려가세요." 새로운 강아지 키아가 도착했고, 그녀는 이전의 강아지 테슬과 헤일로처럼 며칠 만에 유유히 종이 있는 곳으로 가서 울렸다! 삶의 순환은 계속된다.

🐾

메리는 그녀의 새로운 새끼고양이가 보여 준 지식에서 환생의 증거를 발견했다. 또 그녀의 예는 샤먼의 여정을 배움으로써 우리가 동물의 영혼과 연결되는 데 도움을 받을 수 있다는 것을 보여 준다.

10살 난 오렌지 고양이 삼손은 내가 없는 주말, 집 앞 길가에서 차에 치여 죽었다. 나는 그를 어디에서나 느꼈고, 계속 그가 집으로 걸어 들어올 것만 같아 너무 힘들었다. 나는 그의 영혼으로 샤먼 여행을 했고, 그가 완전한 모습으로 있는 것을 보았다. 그는 나를 기다리고 있었다. 나는 그의 죽음에 대해 물어보았다. 그는 그것이 진짜 사고였다고 했다. 그는 차가 오는 것을 보지 못했다. 그는 또 우리가 좀더 함께 해야 할 일이 있으며 그래서 자신이 환생할 계획이라고 했다. 나는 그를 이렇게 가깝게 느끼는 것이 놀랍지만, 가능한 한 빨리 되돌아오기 위해서는 그가 완전히 저승으로 떠나야 한다고 말했다. 그는 골똘히 쳐다보더니 말했다. "맞아요, 잊고 있었어요." 그리고는 곧장 빛 속으로 사라졌다. 그 샤먼 여행 이후, 그의 영혼은 더 이상 느껴지지 않았다. 그러나 나는 그가 나를 다시 찾아올 거라는 것을 알았다.

그래서 그가 태어나서 어미를 떠날 만큼 충분히 성장하기까지 필요한 시간을 파악하고, 그 무렵 어떤 신호들이나 직관에 집중하기 시작했다. 어느 날 밤, 나는 매 달마다 하는 애니멀 커뮤니케이션 실습을 주최하고 있었고, 한 학생이 이틀 전에 발견한 샴 새끼 고양이에 관한 사례 연구를 가져왔다. 그녀는 공원 경비원이었는데, 누군가 차에서 그 고양이를 내던졌다. 고양이는 시끄러운 새끼 냥이었고, 그녀는 그 고양이에게 집을 찾아 주어야 할지 아니면 자신이 그 고양이와 살도록 예정되었는지 알고 싶어 했다. 그녀가 말하기 시작한 순간부터 나는 감정을 주체하기 힘들었다. 나는 바로 그 고양이가 삼손이라는 것을 알았다. 그리고 우리는 그 고양이와 접촉해 그것을 확인했다. 고맙게도 그녀는 다음날 그를 데려오기로 약속했다. 삼손은 너무나 안도하며, 남은 실습 과정 내내 우리와 텔레파시로 접촉했다. 삼손은 다음날 목소리가 우렁찬, 작고 귀여운 샴 새끼 고양이로 도착했다. 우리 집에는 아래층 거실에서 세탁실까지 이어지는 작은 고양이 출입문이 있었다. 그러나 그 문의 위치는 잘 드러나지 않았다. 고양이들은 방의 모퉁이를 돌아 책장 아래에서 그 문을 발견할 수 있었다. 새끼 고양이는 다음 날 도착했고, 내가 집안일을 하는 동안 세탁실을 포함해 집안 곳곳을 따라다녔다. 나는 정말로 그때에는 그가 세탁실에 들어오는 것이 싫었다. 고양이가 너무 작아서 길을 잃거나, 다치거나, 옷더미에 묻힐까 봐 걱정되었기 때문이다. 나는 그가 따라오지 못하도록 그의 면전에서 '사람용' 문을 쾅 하고 닫

왔다. 그러나 그가 모퉁이를 돌아 고양이 출입문으로 들어오기까지는 대략 3초밖에 걸리지 않았다. 그는 그 문이 어디에 있는지 정확히 기억했다!

🐾

아니타의 고객 윌리엄 부부는 소중한 강아지 케이티를 잃고 낙담했다. 아니타는 케이티가 자기가 돌아온 것을 어떻게 증명했는지 전한다.

케이티는 소파 쿠션에 자신의 비스킷 중 하나를 숨겨 놓는 독특한 버릇이 있었다. 그리고 윌리엄 부인이 비스킷을 꺼내 주면 마치 못 본 것처럼 고개를 옆으로 돌리곤 했다. 부인이 청소하며 비스킷을 버리면 케이티는 즉시 그것을 제자리에 가져다 두었다.

케이티는 그들에게 건강한 새 몸으로 돌아오겠다고 약속했다. 그녀는 동물보호소에서 구조된 개로 돌아올 것이라 했다. 윌리엄 부부는 때가 되었는지 알아보러 매주 나에게 전화했다. 마침내 케이티가 자신을 찾으러 갈 때라고 내게 전해 왔다. 윌리엄 부부는 다음 날 전화해서, 보호소 강아지들 가운데 한 마리가 케이티였고, 그들은 어떤 질문도 하지 않고 바로 그녀를 데려왔다고 했다. 집에 도착하자마자 그들은 그 새 강아지에게 비스킷 하나를 건네주었다. 강아지는 그것을 받고, 거실로 돌진해 소파 쿠션 속에 묻었다. 윌리엄 부인은 그 비스킷을 꺼내어 강아지에게 주었고 그 후 울음을 터트렸다. 강아지가 고개를 옆으로 돌렸기 때문이다. 케이티가 집으로 돌아온 것이다.

✿

때로 동물들은 여러 장애물에도 불구하고, 얼마간 시간이 지나면 같은 가족에게 되돌아온다. 애니멀 커뮤니케이터 신디는 고객 델마와 휘핏 피비의 재회를 도운 사연에 대해 전한다.

피비와 델마는 특별한 결속이 있었다. 델마가 집을 청소하고, 쇼핑하고, 어린 두 딸을 돌보는 등 매일 집안일을 할 때도 피비는 늘 함께였다. 매일 밤 피비는 델마의 팔 안에 파묻혀 잠들었다.

남편 마이크는 직업 해군 장교여서 가족들은 수년간 여러 집으로 이사했다. 델마에게 변함없는 것은 피비뿐이었다. 가족이 이사한 새로운 집마다, 피비의 지속적인 감독과 승인 하에, 델마가 심은 꽃 정원들로 두드러졌다.

수년간의 헌신적인 보살핌 끝에, 피비는 델마의 팔에 안겨 죽었고 그들이 함께 가꾸고 사랑하던 정원에 묻혔다. 몇 년간 상담하는 동안, 피비는 불쑥 나타나, 자신이 잠시 방문하러 들렀으며, 가족들의 안부에 대해 알고 있다고 했다. 그녀는 델마를 위로하고 싶어 했다. 델마가 그녀의 부재로 여전히 슬퍼했기 때문이다. 10년이 더 지나고 여러 번 이사하면서, 델마는 피비가 가족들을 놓쳤을까 봐 걱정했다. 그러나 상담동안 피비는 델마에게 가족들이 어디 있는지 항상 정확히 알고 있었다고 확인해 주었다.

이제 은퇴한 마이크는 고양이, 새, 물고기, 도마뱀붙이, 개 등으로 이미 충분한 동물 가족 구성원에 또 다른 동물을 추가하지 않겠다고 했다. 델마의 심한 관절염 때문에 남편은 식구를 줄이고 싶어 했다.

그래서 마이크가 어느 날 집에 암컷 휘핏 강아지를 데려온 일은 꽤 의외였다. 마이크는 그 개가 말썽을 부리지 않고 가족 구성원에 녹아들 거라 느껴졌다고 했다. 다른 동물들도 즉시 그들의 새로운 '누이'를 받아들였다. 델마 역시 다소 염려되기는 했지만, 새로운 강아지 세이블을 받아들였고 그들에게는 바로 유대감이 생겼다.

세이블이 가족들과 며칠 동안 지냈을 때, 델마가 전화로 상담을 요청했다. 세이블과 접촉하고 나는 바로 메시지를 받았다. "나는 피비에요. 나는 돌아왔어요." 그녀는 델마와 만족스럽게 잠자고 있는 영상을 보내 왔다. 나는 델마에게 세이블의 메시지를 전하며, 그녀의 강아지가 되돌아왔다고 말했다.

델마는 세이블이 자기의 팔 안쪽에서 잠드는 것이나, 쇼핑을 사랑하고, 화단을 가꾸는 것을 돕는 등 사실상 피비의 모든 특징을 지녔다고 했다. 세이블은 또 델마의 호흡이 곤란하거나 발작적으로 기침할 때 계속해서 그녀를 확인하며 도왔다.

어떤 동물들은 신비하고 상징적인 사건을 통해 그들의 귀환을 입증하며, 그것은 반려인들의 가슴속에 깊이 파고든다. 게일은 1996년을 애니멀 커뮤니케이터로서 새로운 길로 나아간 중요한 해로 기억한다. 그해의 여러 사건들 가운데, 어떤 것도 그녀의 어린 개의 죽음만큼 상처가 되고 충격적이며 영향을 끼친 일은 없었다.

제이는 4살 난 살루키*였다. 그는 분명히 완벽하게 건강했다. 그는 달리고 웃고 놀며 춤췄다. 제이는 활기차게 반짝이는 기쁨이었다.

9월 7일 아침 10시경, 비극의 불꽃과 함께 제이의 빛도 사라졌다. 그리고 우리의 세상도 흔들렸다. 그는 밖에 나가 놀다가 행복하게 집으로 돌아왔다. 그는 거실에 누웠고, 거기에는 그의 누이견 댄서와 나의 두 아이들도 쉬고 있었다. 나는 이메일에 답장하러 돌아서다, 갑자기 쿵 하는 소리와 울음소리를 들었고, 급히 돌아서 제이가 발작을 일으키며 옆으로 쓰러진 것을 보았다. 아이들이 일어나 쳐다보고 있었다. "왜 이러는 거예요, 엄마?" 11살이 된 아들 제스가 물었다. 나는 걱정하지 말라고 했다. 그저 지금 발작이 왔고, 곧 괜찮아질 거라고 했다.

그러나 내가 틀렸다. 제이의 호흡은 멈췄다. 그는 죽었다.

제스는 도움을 청하러 전화를 걸었고, 나는 그가 의식을 되찾도록 계속해서 심폐소생술(CPR)을 실시했다. 내가 40분간 그의 심장을 펌프하며 호흡을 불어 넣는 동안, 제스는 아빠와 할머니에게 전화하고 남동생을 유모의 집으로 데려갔다. 남편 조가 직장에서 달려왔다. 우리는 제이의 사체를 수의사에게 데려갔다. 공식적으로 말해 줄 누군가가 필요했다. 녀석이 정말로 죽었다는 것을 그렇게 간단히 믿을 수 없었기 때문이다. 젊고, 건강하고, 아름다웠던 제이는 죽었다. '나의 별똥별!' 나는 그를 그렇게 불렀었다. 그는 너무나 빨리 그리고 찬란하게 연소했다.

제이를 잃은 것은 내 삶에서 가장 큰 고통이었다. 제이의 죽음은 일

---

* Saluki : 날렵한 대형견으로. 이집트가 원산지이다.

부분, 내가 전문적인 애니멀 커뮤니케이터의 길로 들어서는 계기가 되었다.

미시간 주에 사는 소중한 벗 에이미가 내게 연락한 것도 바로 내 그런 능력 때문이었다. 에이미는 자신의 암컷 살루키 자하라를 잘생기고 매력적인 수컷 보스와 교배했는데, 내게 자하라와 대화해서 그 사랑스러운 암컷이 임신했는지 알아봐 달라고 했다.

내가 자하라와 접촉했을 때, 그녀가 한 첫 말은 "그래서 당신은 새로운 강아지를 얻을 계획인가요?"였다. 전혀 예상치 못한 질문이었기에, 나는 "아니."라고 얼떨결에 말했지만, 그것은 분명히 잘못된 대답이었다.

그 뒤 오래지 않아, 제이는 영혼의 세계에서 내게 닿기 위해 애썼다. 나는 자주 죽은 동물과 대화했지만 제이와는 그러지 않았다. 시도할 때마다 고통이 너무 커서 나는 연결을 차단했다. 이제 그는 내 생각들을 자극하고, 비집고 들어오려 하며, 내게 듣도록 요구했다. 그는 되돌아오고 싶어 했다. 나는 제이와의 접촉을 통해, 자하라 역시 이미 이 일에 대해 알고 있다는 것을 알았다.

그러나 나는 여전히 나 자신을 신뢰하지 못해서, 내 친구이자 또 다른 애니멀 커뮤니케이터인 제니스가 제이와 상담해서 내가 받은 정보가 맞다고 확인해 주었다. 제이는 또 제니스에게 그녀가 전혀 알지 못하던 얘기도 했는데, 그중 '큰 별과 작은 별'에 관한 이야기가 있었고, 제니스는 내게 설명해 보라고 요구했다.

내 첫 번째 살루키 요다가 죽었을 때, 큰개자리의 중심별인 시리우스*가 침실 창문을 통해 비춰 들었고, 나는 그 빛에 위로 받으며 길고 슬픈 겨울을 견딜 수 있었다. 나는 제이가 요다가 함께 있다고 상상했고, 그 생각은 자연스럽게 진전되며 제이와 작은개자리 중심별인 프로키온**을 연결하게 되었다. 그들은 나의 두 개자리별이다.

제이는 또 제니스에게 자신이 자하라의 검은 털 새끼로 태어날 것이며, 그 밖에도 우리가 기다리고 있던 중요한 표식과 같은 세부 사항들도 말해 주었다.

나는 자하라의 반려인이자 친구인 에이미에게 제니스가 말한 것을 전하며 그녀가 다소 회의적일 것으로 생각했다. 그러나 반대로 에이미는 그런 소식을 기다리고 있는 듯했다. 그녀는 전율했고 자하라에게서 느끼던 것들과 꼭 들어맞는다고 했다.

2002년 7월 21일, 자하라는 5마리의 담비색 강아지와 4마리의 블랙 강아지를 낳았다. 담비색 강아지들은 모두 암컷이었고, 블랙은 3마리가 수컷, 1마리가 암컷이었다. 8번째 강아지는 조그만 검은 털 수컷이었는데, 수컷 중에서 가장 작았고, 카이라고 했다. 그는 다른 형제자매들처럼 밀크바를 쫓기보다 브리더인 에이미에게 오는 데 집착했다. 그는 그녀를 따랐고, 마치 무슨 임무라도 되는 양 그녀가 하는 대로 움직이며 그녀에게로 향했다. 마침내 그녀는 그를 들어 올리며 말했다. "알았어, 카이. 나는 네가 누구인지 알겠어." 그러자 그는 진정하고 젖을 먹었다.

카이를 입양한 지 10주쯤 되었을 때, 그가 실은 제이의 환생이라는

---

* 큰개자리에서 가장 밝은 별.
** 작은개자리에서 가장 밝은 별.

다양한 징후가 표면화되었다. 하나의 신호는 '의미심장한 반점'이었다. 에이미는 카이가 앞발을 상자 위에 올리고 서 있는 사진을 찍었는데, 황갈색의 검은 털에 하얀 점들이 있었다. 그의 작은 가슴에 난 흰색 털은 한 마리 새를 연상케 했는데, 에이미의 한 친구는 "누가 가슴에 날아오르는 '불사조'가 있는 저 검은 강아지를 데려왔지?" 하고 물었다.

강아지들이 태어난 지 얼마 지나지 않아 나는 제이의 무덤으로 갔는데 충격적인 장면을 마주했다. 묘비에 글들이 사라졌다. 글들은 약간 바랬었지만, 내가 마지막으로 보았을 때 여전히 읽을 만했다. 그러나 이제 그것들은 완전히 사라져 버렸다.

묘비는 석판으로 만들어졌다.

깨끗한 석판이었다.

그러나 그보다 가장 놀라웠던 순간은 카이가 태어난 지 10주째인 9월 29일, 마침내 우리가 집에 도착했을 때였다. 우리는 미시간 주 그랜드래피즈에서 뉴욕의 미들버그까지 14시간을 운전했다. 도착해서 강아지들을 차에서 꺼내 뒤뜰로 데려갔다. 나는 카이를 처음으로 새 마당에 내려놓으며 우연히 보게 되었다. 카이의 작은 발이 새로운 집의 흙에 닿을 때, 찬란한 유성이 밤하늘을 가로질러 기다란 흔적을 남기는 것을.

나의 별똥별이 집으로 돌아온 것이다.

우리에게는 카이가 제이의 환생이라는 또 다른 몇 가지 물리적 증거가 되는 현상도 있었다. 카이의 가슴에 주근깨 패턴이 생겼는데, 그것은 큰개자리 별자리를 반영했다. 게다가 그와 제이는 내가 알고

있는 견종 가운데 유일하게 고양이처럼 캣닢*에 반응하는 강아지들
이었다.

살펴보라. 당신도 반려동물들에게서 이전에 특별한 가족이었다는 것
을 입증할 만한 패턴이나 지표들을 발견하게 될지 모른다.

상세한 지시들

때로 동물들은 새로운 몸으로 환생한 자신들을 어디서, 어떻게 찾아야
할지 놀랄 만큼 구체적이고 상세한 정보를 준다. 여기 몇 가지 흥미로우
면서 유머러스한 예가 있다. 이 동물들은 반려인에게 맞추어 그들의 귀
환을 명쾌히 설명하며, 까다로운 세부 내용들을 이끌어 나갔다. 애니멀
커뮤니케이터 다이앤은 고객의 고양이로부터 귀환에 대해 세심한 지시
를 받았다.

켈리는 내게 전화했을 때 발작적으로 울고 있었다. 그녀는 집에 도
착하자마자 3살짜리 회색 고양이 주니어가 집 앞 거리에서 죽어 있
는 것을 발견했다. 켈리의 수의사는 그녀에게 내 전화번호를 주며,
내게 전화하라고 당부했다.
주니어의 문제는 사실상 다음과 같았다. "나는 내 몸을 좋아하지 않

---

* Catnip : 고양이들의 스트레스를 풀어 주고 이완 작용을 하는 풀로써, '고양이들의 마약'이라고도 한
  다. 그 효과는 대개 성인 고양이들에게만 나타난다.

았어요. 당신이 알지 못하는 몸의 문제가 있었어요. 여기에서 몇 킬로미터 떨어진 곳에 제 새 몸이 있어요. 가서 데려와 주세요."

그리고 주니어는 켈리에게 분명한 방향을 알려 주었다. "진입로에서 왼쪽으로 회전하고 대략 5킬로를 가세요. 그러면 오른쪽에 버려진 헛간이 있을 거예요, 거기서 오른쪽으로 돌아 흙길로 가세요. 1.6킬로 더 가면 왼쪽으로 하얀 농가가 보일 거예요. 그곳 마당에 새끼 고양이들을 무료로 나눠 준다는 간판이 있어요. 거기서 제가 기다리고 있을 거예요."

켈리는 멍했고 다소 회의감이 들었으나, 작별 인사를 하고 그곳으로 향했다. 45분쯤 후에 그녀가 내게 전화했다. 내가 여태껏 들어 본 중 가장 흥분한 여성의 목소리였다. "다이앤! 나, 주니어를 찾았어요!!" 그녀는 그 방향을 따라갔고, 표지물들을 발견했고, '새끼 고양이 무료'라는 간판이 있는 아담한 하얀 농가로 이르렀다. 그리고 그곳 상자 안에 8주가량 되는 회색 새끼 고양이가 아늑히 자리 잡고 있었다. 바로 주니어의 이미지였다!

수는 재클린 스미스에게 전화해, 며칠 전 밤에 세상을 떠난 고양이 밍과 대화해 달라고 부탁했다.

밍은 말했다. "저는 6개월 안에 되돌아올 거예요, 그리고 이번에는 작은 개의 모습일 거예요. 그녀가 보통 가지 않는 장소에서 저를 발견하게 될 것이고, 제 이마에 하얀 별이 있을 거라고 전해 주세요. 제 눈을 들여다보면 알아볼 거예요. 우리는 아직 함께 배워야 할 교훈이 있어요."

수는 애완동물 가게에는 거의 가지 않는다. 그러나 6개월 뒤 우연히 한 곳에 들어가게 되었고, 가게를 둘러보다가 이마에 흰 별이 있는 작은 강아지를 보게 되었다. 수가 내게 전화해 말했다. "강아지의 눈을 들여다보고, 바로 밍이라는 것을 알았어요!"

애니멀 커뮤니케이터 네다는 어느 가족에게서 반려 고양이 밀로와 대화해 달라는 요청을 받았다. 밀로는 아팠고, 떠날 준비를 하고 있었다. 밀로가 죽은 뒤, 그들은 다시 대화했다. 밀로는 너무나 돌아오고 싶어 했고, 그것에 대해 분명한 생각도 갖고 있었다.

밀로가 말했다. "나는 정말로 내 이름을 좋아하지 않았어요. 나는 또 다시 암컷이 되고 싶지만, 이번에는 여성적인 이름을 원해요. 또 저는 강아지가 되고 싶어요. 전에는 그랬던 적이 없어서 시도해 보고 싶어요. 만약 작은 강아지로 오게 되면, 당신의 무릎에 앉아 예전처럼 안길 수 있을 거예요. 저는 작고 복슬복슬하고 무릎에 올려놓을 수 있는 강아지가 되고 싶어요. 아마 흰색일 거고요."

함께 대화하던 반려인 여성은 밀로가 되돌아올 것이라는 계획에 흥분했다. 그런데 요구사항이 있었다. "남편과 나는 강아지 한 마리를 얻을 생각이었어요. 그래서 이 일은 이루어질 것 같아요. 그런데 남편은 골든 리트리버처럼 좀 큰 개를 원해요."

여성이 말했다. "밀로, 너 그런 개로 와 줄 수 있니? 다 자라면 내 무릎에 맞지는 않을 거야, 그러나 너는 우리와 함께 하이킹도 갈 수 있고, 모든 종류의 놀이를 할 수 있을 거야."

밀로는 곰곰이 생각하더니 말했다. "흠, 골든 리트리버가 될 수 있을 거 같아요. 그러나 밝은 색이길 원해요."

나는 밀로에게 말했다. "골든 리트리버는 거의 흰빛에 가까운 옅은 금발이 될 수 있어." 밀로는 수용할 만하다며 동의했다.

우리가 다음번 밀로를 확인했을 때, 그녀의 이미지는 작은 강아지였다. 그녀는 강아지의 몸에 거주할 준비를 하고 있었고, 나는 그것을 마음의 눈으로 보았다. 여성은 내게 어떻게 밀로를 찾을 수 있을지 물었고, 나는 그녀가 밀로의 에너지를 알아볼 거라고 확신시켰다. "그저 옅은 금발의 골든 리트리버 강아지를 찾아보세요. 밀로의 에너지와 영혼이 똑같이 느껴질 거예요. 그녀의 눈을 들여다보세요. 그러면 아마 즉시 알아볼 겁니다."

나는 그 고객에게서 다시 연락을 받지는 못했다. 그러던 어느 날 밀로의 가족에 대해 언급하는 사람과 대화하게 되었는데, 그 여성이 말했다. "그들이 밀로를 찾았어요. 바로 알아봤대요. 강아지가 아름다운 옅은 금발인데 집에 되돌아와서 모두 행복해 했어요. 그들이 샐리라고 불렀는데, 강아지가 그 이름을 바로 알아듣고 굉장히 좋아했답니다."

우리의 모든 관계

우리에게 되돌아오는 동물들은 이전에 가족이었을 수도 있다. 우리와의 임무를 완수하기 위해 일시적으로 동물의 형태를 하고 있다 해도 말이다. 애니멀 커뮤니케이터 아니타는 죽은 어머니를 말의 모습으로 만난 경험을 전한다.

1994년 1월, 나는 일했던 큰 회사에서 조기 퇴직금을 탔다. 내 모든 시간을 애니멀 커뮤니케이션에 바치기 위해서였다. 나는 집 근처 아라비아말* 번식 마구간에서 아르바이트도 했다. 말을 씻기고, 마구간을 청소하는 등 모든 종류의 색다른 일을 했는데, 그 일들은 이전에 익숙했던 바쁜 경리과 업무와 확연히 달랐다. 나는 이러한 속도의 변화가 마음에 들었다.

나는 2월 초, 페넬로페의 고급 수업 과정을 듣기 위해 그녀의 집으로 갈 예정이었고, 그 시간이 무척 기다려졌다. 그런데 암말 가운데 한 마리가 새끼를 낳을 예정이어서 그곳에도 있고 싶었다. 그러나 수업을 더 원했기 때문에, 암말 브리아나에게 언제 새끼를 낳을 예정인지 물어보았다. "화요일 5." 그녀는 말했다.

"화요일 5시라고?" 나는 확인했다.

그녀는 한숨을 쉬며 그저 반복했다. "화요일 5." 내가 무엇을 묻든지 그녀는 그 말만 했다. 나는 그녀를 성가시게 하는 것 같아 더 이상 조르지 않았다.

---

* 아라비아 원산으로 사육하기 쉽고, 몸도 튼튼하고 충실하며, 근육이 발달했다.

나는 캘리포니아로 떠났고, 2월 5일 토요일 아침에 일어났을 때 브리아나가 새끼를 낳았다는 것을 알게 되었다. 집에 전화하자, 남편은 마구간 관리인이 전화해 오전 3시경 암컷 새끼가 태어났다고 알려주었다고 했다.

나는 며칠 뒤 눈보라가 한창일 때 집에 도착했다. 그리고 다음 날 아침, 헛간에서 브리아나의 아름다운 아기를 보고 감탄했다. 우리는 서로 한눈에 좋아하게 되었다. 그녀는 내가 가장 좋아하는 색이었다. 전체적으로 적갈색이었는데, 검은 다리털이 무릎까지 이어졌다. 또 검은색 갈기와 꼬리를 지녔고, 귀 가장자리도 블랙이었다. 나는 몸을 구부렸고 그녀는 작은 주둥이를 올려 내 입술을 터치했다. 나는 사랑에 빠졌다! 나는 그녀가 다른 아라비아 당나귀처럼 생기지 않고, 오히려 내가 좋아하는 쿼터 호스*와 비슷하다는 것을 알아차리지 못했다. 그녀의 말발굽은 몸집에 비해 다소 작았고, 목은 아라비아 품종 특유의 우아한 곡선도 아니었다. 그녀는 혀를 빨아 대는 웃긴 버릇도 있었다. 그러나 그 어떤 것도 내게는 문제가 되지 않았다. 그녀는 내게 완벽했다.

브리아나는 아기 이름을 레전드 디자이어(Legend Desire)로 등록하고 싶어 했고, 우리가 반려인에게 전해 주기를 원했다. 반려인은 동의했다. 그러나 헛간의 이름도 필요했다. 마구간 관리인과 내가 의논하던 중, 다른 임신한 암말 하나가 의견을 제시했다. 브리아나와 이 암말 포르키아는 운명의 적수였고, 알파 메어(최고의 암말) 타이틀을 두고 처절히 전투해 왔다. 포르키아는 브리아나의 새끼에 대한 법석

* Quarter Horse : 단거리 경주마.

에 진저리가 났다. 그녀는 '빈트'라는 단어가 누군가의 딸을 의미하는 것을 알았다. 포르키아는 마구간 관리인의 관심을 끌고 '빈트 비치(Bint Bitch: x년의 딸)'라고 말했다.

우리는 줄여서 비비(BB)로 결정했다. 그러나 그것은 Briana's Baby(브리아나의 아기) 또는 Bint Briana(브리아나의 딸)을 상징했다. 비비는 그 이름에 반응했고, 그래서 그것으로 정해졌다.

어느 날 나는 몇 가지 이상한 점을 알아차리기 시작했다. 비비는 엄마의 기일에 태어났고, 또 그날 새벽 3시경이었다. 엄마는 골초였는데, 비비의 혓바닥을 빠는 버릇은 엄마의 습관을 연상시켰다. 또 엄마의 이름은 베아뜨리체였는데, 어렸을 때 가족들은 그녀를 비비라고 불렀다. 그래, 맞다! 그녀의 발도 비비처럼 다소 작았다.

나는 고객들에게 전생의 메시지를 전하는 데 익숙했지만, 이와 같은 일이 내게도 일어날 수 있다는 것은 믿기 힘들었다. 나는 페넬로페에게 편지를 써서 이 상황을 설명하고, 어떻게 생각하는지 물어보았다.

페넬로페는 내 편지에 질문으로 답했다. "내가 이 말을 당신의 어머니라고 파악했을까요, 아니면 당신의 어머니가 보낸 것으로 파악했을까요?" 후자가 말이 되는 듯했다. 엄마가 돌아가실 당시, 그녀와 나 사이에는 끝나지 않은 과제가 꽤 남아 있었다. 엄마는 내 집에서 돌아가셨고, 그 뒤 10간 그녀의 존재가 너무나 강렬히 남아 있어, 나는 결국 누군가를 데려와 엄마에게 떠나 달라고 부탁해야 했다. 이후 집안의 에너지는 진정되었다. 그리고 1년 뒤 비비가 나의 삶에 들어왔다.

나는 페넬로페의 편지를 마구간 관리인에게 주고, 브리아나와 비비를 목장으로 데리고 나갔다. 그들은 질주했고 나는 목장의 문을 닫았다. 그때 비비가 갑자기 달리기를 멈추고 돌아서서, 내게로 총총거리며 다가왔다. 그리고 목을 돌려 문의 막대기들 사이로 머리를 빼내어 내 눈을 응시하며 말했다. "내가 그녀야." 나는 충격 받았다.

그날 늦게, 나는 조용한 장소를 찾아 명상했다. 그리고 마침내 "화요일 5"에 대한 답을 얻었다. 엄마는 2월 5일, 화요일에 돌아가셨다.

몇 개월 뒤, 비비는 젖을 떼고 다른 주(州)에 있는 조련사에게 갈 준비를 하고 있었다. 비비는 여전히 아리비아말보다는 경주마처럼 생겨서 주인은 달가워하지 않았다. 마구간 관리인은 주인에게 비비를 내게 팔겠냐고 물었고, 그는 미운 오리 새끼라고 생각한 말을 처분할 수 있어 좋아했다. 나는 자동차 보험을 해지하고 바로 환불 받았고, 주인은 턱없이 작은 가격에 합의했다. 비비는 이제 나의 말이 되었다.

남편은 내 생각을 반겼으나, 아들은 말을 친구들에게 어떻게 소개해야 할지 난감해 했다. 그러나 그것은 문제가 되지 않았다.

비비는 우리와 함께 살기 위해 왔다. 그리고 나중에 말 주인이 파산하자 브리아나도 오게 되었다. 우리는 조건 없이 서로 사랑했고, 나는 그녀의 에너지로 평화로웠다. 몇 년이 지난 어느 날, 나는 비비의 성격이 변한 것을 알아차렸다. 나는 엄마가 해야 할 일을 이루었고, 영혼의 여정으로 떠나갔다고 믿는다.

당신은 환생한 동물과 이런 복잡한 관계를 맺지는 않았을 것이다. 그러나 이러한 종류의 체험은 당신이 현생의 존재들과 전생의 관계들을 이해하게 한다.

'믿음과 신뢰' – 잃어버린 고양이를 찾아서!

이전의 반려동물을 찾으려는 여정에서―동물들이 환생할 것이라고 알려 주었다고 가정할 때―많은 영적 성장의 단계와 상태들을 통과해야 하며 그 과정에서 엄청난 신뢰가 요구된다.

심리학자이자 작가인 로리 무어는 고양이 제시 저스틴 조이(이하 제시)와의 재회의 여정에 대해 전한다. 그녀의 체험은 동물의 죽음이나 재탄생과 관련해, 우리가 얼마나 많은 단계의 신뢰와 신념으로 변화되어 갈 수 있는지 보여 준다.

나는 고양이 제시를 당뇨병으로 잃을까 봐 항상 두려웠다. 내가 원하는 만큼 오래 제시가 버틸 수 없을까 봐 걱정되었다. 나는 전혀 안정적이지 못했다. 그러던 어느 날 밤 제시가 사라졌다.

나는 애니멀 커뮤니케이터 지나에게 전화해 제시의 위치를 추적해 달라고 부탁했다. 그녀는 코요테가 고양이를 공격했다고 말했다. 다음날 나는 아네트라는 또 다른 애니멀 커뮤니케이터에게도 물었다. 그녀는 제시가 웃으며 "저는 제 아홉 번째 삶을 다 살았어요."라고 했다고 전했다.

아네트는 제시가 새로운 몸으로 내게 되돌아오고 싶어 한다고 설명했다.

사랑하는 제시와 함께한 수많은 치료의 모험들이 스쳐 지나갔다. 제시가 온 지 일주일 후, 수의사는 제시가 간염·당뇨병·기생충·인후염이 있으며, 골반이 골절되었고, 다친 발이 치료되지 않아 발가락 하나가 없으며, 심지어 살기 위해서 대장의 절반을 제거해야 한다고

통보했다. 나는 SPCA(동물학대방지협회) 직원에게 만약 고양이가 아픈 것이 확실하다면, 내가 데려가겠다고 구체적으로 말해 두었었다. 수년 전 어머니를 잃은 뒤, 나는 오래 살 수 있는 고양이를 소망했지만, 우주는 내게 다른 계획을 예비해 두었다. 상실을 피하는 것은 선택 사항이 아니었다. 영원성을 발견하는 것이야말로 그러했나 보다. 나는 고양이의 몸이 완전히 건강해지기만 기도해 왔다는 걸 깨달았다. 6천 달러의 서양의료수술, 한방치료요법, 허브, 특별 식단 그리고 매일의 인슐린 주사를 맞은 뒤에 제시는 훨씬 나아졌지만, 여전히 고통스러워했다. 만약 그가 죽었다는 아네트의 말이 옳다면, 제시의 건강에 대한 내 소망은 기대하지 않은 방식이지만 실현된 것이다. 아마도 나의 기도는 응답 받은 것이다.

나는 집안 곳곳에서 제시를 느꼈다. 그리고 그가 영혼으로 존재한다는 데 기뻐하려 노력했지만, 실상 나는 영혼을 불신했고 깊은 절망에 빠져 있었다. 나는 제시가 떠난 데 대해 뱃속 깊이 오열했다. 동시에 새로운 의문이 싹텄다. 생각하고 걱정하는 습관으로 여전히 마음이 어지러웠지만, 무언가 새로운 것이 내 내면에서 조성되고 있었다. 5주가 지난 뒤, 제시는 내가 처음 전화를 걸었던 애니멀 커뮤니케이터 지나를 통해, 만약 내가 찾아낼 수 있다면 새로운 고양이의 몸으로 들어갈 것이라고 알려 왔다. 그것은 믿기에 너무 버거웠다. 나는 확신이 필요했다. 나는 지나에게 세 번 전화했고, 심령술사에게도 전화했으며, 고양이에게 특별히 직관력이 있다는 또 다른 이에게도 전화했다. 그들 모두 제시가 나를 사랑하며 집으로 돌아올 것이라고 말했다.

집에 돌아와 전화를 확인해 보니 메시지가 와 있었다. "저는 스테이

시라고 해요. 당신의 이웃입니다. 고양이를 찾는다는 공고문을 보았어요. 댁의 고양이는 아니지만, 제게 5주 된 새끼 고양이 다섯 마리가 있는데, 혹시 한 마리 가져가실래요?"

'안 돼!'라는 말이 마음에 울려 퍼졌다. 제시가 아니면 아무도 안 돼! 그러나 문득 제시가 나에게 돌아오려 하는 것은 아닌가 하는 생각이 스쳤다. 그가 되돌아올 것이라고 말했기 때문이다. 어쩌면 그는 내가 쉽게 찾을 수 있도록 이웃집에서 환생한 것인지 모른다. 나의 제시가 그녀에게 전화하게 한 것이다. 그래서 내가 다시 전화했을 때, 그녀는 새끼 고양이 가운데 두 마리가 제시처럼 호랑이 줄무늬라고 확인해 준 것이다. 나는 모든 것이 제대로 되어 가고 있다고 확신했다. 나는 어디에 가든 고양이를 무릎 위에 앉혀 놓는다. 고양이들은 나를 사랑한다. 그러나 이 환생 사건을 이웃집 여자에게 어떻게 설명해야 할까? 나는 그저 고양이들이 나를 좋아한다고 말할 것이다. 제시가 나를 향해 똑바로 달려올 때, 그녀는 놀라면서 그 새끼 고양이가 새엄마를 찾은 것에 기뻐할 것이다. 만약 내가 환생이라는 말을 언급하면, 그녀는 내가 미쳤거나 아마도 고통을 피하기 위해 애써 이야기를 꾸며 냈다고 추측할 것이다. 그러나 결국 그녀도 믿게 될 것이다. 그녀는 어떤 고양이가 내 고양이인지 알게 될 것이다. 제시가 나를 향해 즉시, 똑바로 달려올 것이기 때문이다.

그녀의 집에 도착했을 때 고양이들은 나를 거들떠보지도 않았다.

"얘들이 아직 사람을 많이 만나 보지 못해 수줍어해요." 그녀가 미안해하며 말했다. 내가 다가가자 고양이들은 모두 거실의 네 귀퉁이로 흩어져 버렸다.

나는 무거운 발걸음으로 돌아오며 생각했다. "그래, 잘못된 전화였어. 누군가 도울 수 있다고 생각했고 좋은 의도였지만 제시는 아니었어. 그게 다야. 제시는 돌아올 거야. 이 모든 일이 내게는 처음이야. 그러니 좀 더 내면의 감정에 귀 기울여 보자."

직감은 나를 제시를 처음 만났던 장소로 가게 했다. 나는 흥분했고, 아침 일찍 SPCA(동물학대방지협회)에 있었다. 그곳에는 나를 포함하여 5명이 와 있었는데, 그중 4명은 고양이를 원했고, 1명에겐 나누어 줄 고양이가 5마리 있었다. 앞으로 SPCA가 월요일에는 문을 열지 않는다는 간판이 게시되어 있는 것으로 보아, 어떤 '신성한 개입'임이 분명했다. 나는 그들에게 고양이를 가진 남자의 집으로 따라가서 한 마리씩 고르자고 제안했고, 그 남자도 동의했다.

그러나 나는 운전하면서 무언가 적절치 않게 느껴졌다. 나는 지쳤다. 다시 차를 돌리고 싶었다. 무언가 잘못되었다는 영감이 왔다. "왜 오늘이 아닌가요?" 나는 내면으로 절규했다. "제발 저를 제시에게 데려가 주세요!"

그 남자의 집에 도착했을 때, 어미와 새끼 고양이들은 모두 사라지고 없었다. 남자는 우리의 이름과 전화번호를 적으며, 고양이들이 돌아오면 전화하겠다고 약속했다. 그러나 그에게서 전화는 오지 않았다.

너무 화가 났다.

이후 나는 어렴풋이 내 감정보다 더 깊은 곳에서 무언가 일어나는 것을 느꼈다. 깊게 호흡을 하고 나니, 이 삶의 모험에 대한 호기심이 다시 차올랐다. 더 이상 절망적인 생각에 사로잡히지 않고, 마치 모닥불이 타오르듯 흥미가 솟았다.

다음 날 아침, 나는 친구의 소개로 다른 심령술사—사람이나 물건의 위치를 정확히 알려 줄 수 있는—에게 전화를 걸었다. 그는 꽤 비쌌지만, 만약 이 일을 해낸다면 그만 한 값어치가 있을 것이었다. 그의 이름은 카멜이었는데, 단호한 목소리로, 북서쪽으로 6미터, 남쪽으로 세 걸음 가라고 했다. "바로 거기에 당신 고양이가 있을 겁니다."

우리는 나침반을 사용했다. 그러나 그가 알려 준 곳에는 텅 빈 쓰레기통만 있을 뿐이었다. 그에게 다시 전화했더니, 그는 전화를 받지 않았다.

나는 지나에게 말했다. "나는 이 환생 작업에 대해 다시 생각해 봐야겠어요. 이제 그만 손을 놓을 때가 된 것 같군요. 제시는 죽은 것 같지 않고, 그 코요테 이야기도 조작된 것 같아요. 어쩌면 아네트와 당신 그리고 나는 모든 스트레스 속에서 집단 망상장애를 겪고 있는지도 몰라요. 어찌해야 할지 모르겠어요."

나는 애니멀 커뮤니케이터 아네트에게도 전화했다. 그런데 그녀는 제시가 새끼 고양이가 아닌 큰 수컷 고양이로 환생할 것이라 했다며 나를 달래었다.

나는 다시 SPCA로 돌아왔고, 쉐도우*라는 아름다운 스모키 블랙 캣을 발견했다. 쉐도우는 제시가 떠난 다음 날 그곳에 와서 5주간 머물고 있었다. 직원들은 쉐도우를 가장 좋아했고, 왜 아무도 이 고양이를 낚아채 가지 않는지 의아해 했다.

아네트가 제시의 소망을 전했다. "그가 (나와 같은) 호랑이 줄무늬일 필요는 없어요. 그저 그가 큰 수컷이며, 당신이 그에게 애정을 갖게 될 것이라고 확신하세요."

---

* 스모키한 털색 때문이겠지만, '그림자'라는 의미도 있다.

그러나 쉐도우와 얼마간 함께 있어 보아도, 그는 전혀 제시 같지 않았다. 제시의 분위기도, 제시의 영혼도, 제시의 눈도 아니었다. 그런데도 지나와 아네트에게 전화를 했을 때, 그들은 일단 내가 쉐도우를 집에 데려가면, 제시가 쉐도우와 몸을 바꿀 것이라고 확답했다. 갑자기 뉴욕 센트럴 만큼이나 큰 웃음이 터져 나왔다. 감정과 생각이 분리되는 듯했고, 심지어 내가 누구인지조차 헷갈렸다.

마감을 한 시간 남겨 둔 금요일 오후, 나는 쉐도우를 데리러 SPCA로 향했다. 중간쯤 가다가, 나는 무언가 잃을 것 같아 차를 돌렸다. 이번에도 아니라면 너무 비참할 것 같았다. 나는 마법을 믿었지만, 이것은 불가능해 보였다. 나는 집에 가야 한다. 그런데 무엇을 잃게 되지? 나는 SPCA가 주말을 앞두고 문을 닫기 18분을 남겨 놓고 다시 고속도로를 질주했다. 이제서야 '믿음의 도약(The leap of faith)'*이란 말이 이해되었다.

부드러운 회색톤의 자동차 실내에서 내 고양이의 영혼이 가까이 느껴졌지만 쉐도우의 몸에 있지는 않았다. 쉐도우는 제시와는 전혀 달랐다. 나는 나와 깊은 인연이 없는 따뜻한 고양이를 돌보는 동안, 제시가 몸 없이 허공에 떠 있는 몇 달을 위해 스스로 마음의 준비를 했다.

집에 도착하자, 쉐도우는 즉시 침대 밑으로 숨어들었다. 그의 검고 희며 폭신한 몸은 뒤에 있는 회색 이불과 대비되어 매력적으로 보였다. 나는 활발했던 제시와는 전혀 다른 이 얌전한 고양이와 살기 위

---

* 이 용어는 실제 신앙적 표현인데, 보이지 않는 실체를 인정하고 수용하게 됨으로써 한 단계 영적으로 도약하고 성숙하게 되는 순간을 의미한다.

해 마음의 준비를 했다. '실망감으로 공기가 희박해졌다.'

4시간 뒤, 쉐도우가 눈앞에서 제시로 변하기 시작했다. 그는 가르랑 거리며, 몸을 작고 둥글게 말고, 제시처럼 자기의 등을 내 가슴과 얼굴에 밀착하고 낮잠을 잤다. 처음의 소심함은 제시의 강인함으로 변해 갔다. 쉐도우일 때 그는 과묵했고 조심스럽게 주위를 살폈지만 제시일 때는 어떤 초대도 필요 없이 당당했다. 그의 눈맞춤은 제시처럼 극적으로 변했고, 소음에 대한 두려움은 제시의 용맹함으로 바뀌었다. 그는 심지어 밖에 보이는 큰 동물에게도 하악질을 해 댔다. 곧 그는 나의 볼에 얼굴을 비볐다. 제시는 내가 예상했던 것보다 훨씬 더 육화해 가고 있었다. 나는 끝없는 사랑과 평화가 있는, 참으로 깊고 영원한 공간을 느꼈다. 우리는 몇 시간 동안 다른 차원에 있었다.

나는 생각했다. '천사다. 밝고, 달콤하다. 모든 것이 제대로 이루어졌다. 내 고양이는 지상의 천국이 가능하다는 것을 보여 주고 있구나. 나는 형태가 없고, 시간을 초월한다. 그리고 하나의 거대한 사랑이 제시와 통합되었다.'

한때 쉐도우의 영혼을 담았던 눈은 제시의 애정으로 채워졌다. 나는 제시를 알아보았다. 그는 1시간 동안 내 눈을 들여다보고, 따뜻하고 광대한 사랑의 에너지로 나를 가득 채웠다. 심장이 활짝 열리고 더이상 의심은 없었다.

12시간이 지나, '제시 저스틴 조이'**(그의 새로운 이름)는 자신의 오래된 특성을 드러내기 시작했다. 나의 발목을 살짝 깨무는 것은 음식

** '기쁨'과 '환희'라는 의미.

이 만족스럽지 않다는 의미였다. 또 그는 예전처럼 뛰어난 축구선수였다. 내가 너무 오래 일을 한다 싶으면, 컴퓨터 플러그를 뽑기 위해 책상 뒤로 뛰어오르곤 했다. 그의 새로운 몸은 그리 크지도 않고 힘도 없었지만, 노력하고 있다는 것을 나에게 보여 주었다.

내 고양이는 완전히 제시였는데, 에너지는 훨씬 더 강력했다. 그는 나를 빛으로 가득 채웠다. 소파는 마시멜로처럼 느껴졌고, 종종 혼미하며 불규칙했던 내 생각은 벨벳처럼 고요해졌다.

친구들이 와서는 제시가 새로운 몸으로 돌아왔다는 것을 알아챘다. 한 달 뒤, 고양이 천사와 나는 우아하고 소박하게 우리의 재회를 축하했다. 그는 이번에는 수의사에게 가지 않을 것임을 분명히 했다. 나는 동종요법 수의사인 블레이크에게 전화할 수는 있지만, 지난 생에서 너무 많은 시간을 소진했던 동물 클리닉에는 가지 않기로 했다. 이번에 그는 완벽하게 건강했다.

제시는 강한 존재감으로 나의 불안을 진정시키며 정상 궤도에 올려놓는다. 그는 앞발을 부드럽게 내 얼굴에 얹고, 내 손을 핥는다. 그가 내 머리를 어루만진다. 제시는 내 영혼을 깊이 들여다보며 나를 안는다. 그는 나의 조력자이고, 친구이며, 스승이다. 그는 나보다 훨씬 더 진화되어, 나는 그에게 합일되어 축복의 영역으로 들어간다.

제시는 진정한 기쁨은 있는 그대로의 모든 환경을 포함한다는 사실을 깨닫게 했다. 내면의 기쁨은 삶의 이러저러한 조건에 달려 있지 않다. 그것은 모든 것에 대한 무조건적인 사랑의 감정이다. 나는 내가 행복할 수 있다는 것을 발견하고 있다. 왜냐하면 그렇게 만들어졌기 때문이다. 특별한 이유는 필요하지 않다.

내 고양이는 돌아왔고, 그와 함께 내 일부도 돌아왔다. 그것은 오래

전 뒤로하고 돌보지 않은 나의 일부다. 나는 내 친구와 영원히 함께 할 것이라는 걸 안다. 더 이상 두려움은 없다. 나는 우주의 마법을 믿는다.

동물들은 현재 몸의 거주자의 동의하에 성인 동물의 형태로 영혼을 이전하기도 한다. 그들이 환생하기 위해 반드시 새로 태어난 몸을 찾을 필요는 없다. 또 인간보다는 동물의 모습으로 환생하는 것이 훨씬 더 쉬운 것 같다. 이는 사회화의 차이와 자신을 영혼의 본질로 자각할 수 있는 동물의 능력 때문이다.

다른 신체적 형태로 우리에게 돌아오고자 하는 동물들을 찾는 여정에서, 우리는 직관을 신뢰하고, 그들과 연결되고자 훈련하며, 우리가 아는 것을 실천하는 데까지 나아갈 수 있다. 두려움과 신뢰 부족으로 행동할 때, 우리는 절망과 혼란에 빠져 길을 잃고, 사방으로 흩어져 더 깊은 나락으로 빠질 수 있다. 동물의 영혼과 대화하는 능력을 키우기 위해, 모든 것이 고요하며 타자와 깊게 연결될 수 있는, 우리 존재의 중심을 찾는 시간이 필요하다. 동물들이 진정으로 누구이며, 그들이 우리에게 무엇을 가르칠 수 있는지 깨닫기 시작할 때, 삶과 우리 자신을 발견하는 엄청나게 놀라운 여정을 떠나게 될 것이다.

우리를 성장시키다!

동물들은 종종 스승이자 영혼의 친구로 되돌아와 우리를 계속 안내한다. 카즈코는 자신의 고양이가 되돌아온 이유와 고양이의 여러 생을 통해 그녀가 배운 소중한 교훈을 전한다.

16년 전 캘리포니아로 이사했을 때, 나는 학교 운동장에 버려진 새끼 고양이 삼하인을 발견했다. 그 고양이는 매우 독립적이었고, 홀로 있기를 좋아했으며, 자신의 한계와 경계를 분명히 했다. 그녀는 조용하고 집중된 의지로 생을 살았다.

얼마간 삼하인과 함께 지내고 난 뒤, 그녀가 친숙하게 느껴지기 시작했다. 마치 전에 알고 지냈던 것처럼. 나는 우리가 다른 생에 만났는지 물었고, 그녀는 내가 일본에서 초등학교 시절에 입양했던 오렌지 고양이라고 확인해 주었다.

엄마는 고양이를 좋아하지 않았지만, 나는 고양이를 키우는 일이 중요했다. 어렸을 적 내가 처음 사랑했던 동물은 고양이였다. 우리는 몇 시간 동안 숨바꼭질을 하곤 했다. 그래서 엄마의 반대에도 불구하고, 어느 날 나는 그 오렌지색 새끼 고양이를 집으로 데려왔다. 엄마와 갈등이 있었지만, 언니와 오빠도 고양이를 사랑했기 때문에 엄마는 결국 기르도록 허락했다. 그런데 몇 달이 지나자, 그 오렌지 고양이는 갑자기 사라져 버렸다.

나는 크게 상심했고, 어른이 되어 혼자 살게 될 때까지 어떤 고양이도 키우지 않았다. 삼하인에게 왜 당시에 사라졌는지 묻자, 그녀는 우리 집에 긴장감이 감돌았다고 말했다. 그래서 모두를 위해 떠나는 것이 최선이라고 생각했고 다른 집을 찾았다고 했다.

이번 생에서도 삼하인은 상황이 긴박해질 때마다 떠나는 습관을 반복했다. 그녀는 나의 다른 고양이들과도 편안히 어울리지 못했다. 삼하인은 더 어렸을 때에도 종종 며칠씩 집을 떠나곤 했고, 나는 그녀를 데려오기 위해 강가로 걸어가곤 했다.

어느 겨울, 그녀는 6개월 동안이나 사라졌고, 나는 그녀를 잃었다고 생각했다. 그런데 새집으로 이사하기 위해 짐을 싸고 있을 때 삼하인이 나무 뒤에서 훔쳐보고 있는 게 아닌가. 그녀는 몇 개월을 사냥하며 버텼다고 했다. 나는 그녀를 간신히 달래어 새 집으로 데려갈 수 있었다.

몇 년 전, 연로해진 엄마가 나와 함께 살기 위해 오셨다. 엄마는 내가 많은 고양이들과 집과 삶을 공유한다는 것을 알고 계셨다. 삼하인은 다른 고양이들을 싫어해서 별채에서 살고 있었고, 나는 엄마에게 별채에서 삼하인과 사는 것 말고는 선택의 여지가 없다고 말씀드렸다. 이번에는 삼하인이 엄마 때문에 떠나지는 않게 하리라. 고양이를 감당할 수 없다면 오히려 엄마가 떠나야 할 것이다. 나는 내 집과 가족을 지키기로 결단했다.

놀랍게도, 엄마는 점차 삼하인에게 고마워하며 존중하기 시작했다. 이 고양이는 서서히 엄마의 마음에 스며들었고, 심지어 침대 속으로 파고들었다. 첫해에, 삼하인은 엄마가 바닥에 마련해 준 침대에서 잤다. 둘째 해에, 그녀는 엄마의 침대발치에서 잤다. 그 뒤에는 엄마의 얼굴 바로 옆에서 잤다. 엄마는 홀로 있는 경우가 많았기 때문에 고양이 반려자에게서 위안을 받았고, 삼하인 역시 엄마를 잘 인내했다. 이제는 나의 95살 엄마와 16살의 연약한 내 고양이가 종종 소파에 나란히 앉아 TV를 시청하는 모습을 볼 수 있다.

삼하인은 내가 엄마와 새로운 관계를 찾아내도록 돕는 중요한 힘 중 하나다. 엄마와 나의 관계는 힘들기만 했다. 나는 정서적으로 고통스러웠던 긴 과거를 떨쳐 버릴 수 없었다. 그런데 어린 시절 더 나은 집을 찾아 떠나야 했던 고양이 삼하인이 이제 내게 용서와 놓아주기에 대한 가르침을 주고 있다. 삼하인은 조용하고 섬세하지만 틀림없는 자기만의 방식으로, 나로 하여금 엄마를 용서하고 그녀가 내게 결코 줄 수 없었던 상황의 한계를 이해하도록 도왔다. 내 삶의 이 시점에 이르러서야, 나는 엄마가 의미하는 교훈을 소화할 수 있었다.

삼하인은 내게 조언했다. "더 폭넓어지세요. 당신의 에너지와 영혼은 엄마와의 문제에 비하면 거대합니다. 당신은 스스로 무엇을 할 수 있는지 증명했고, 그것으로 충분합니다. 당신에게 필요한 것은 스스로 선택한 길을 알고, 그것을 살아 내는 것이에요. 그것이 가장 중요합니다. 기억하세요. 당신은 거대한 경기장과 같고, 그에 비해 엄마와의 문제는 개미처럼 작아요. 그러니 이제 긴장을 풀고, 당신이 가진 것을 즐기세요. 그것이야말로 당신의 삶을 풍요롭게 하며 당신의 영혼에 호소하는 것입니다."

나는 삼하인에게 왜 이전 생에서 그렇게 짧은 시간 동안만 오렌지 고양이로 나와 머물렀는지, 그리고 왜 지금 다시 돌아왔는지 물었다. 그녀는 대답했다. "잠시만이라도 당신과 함께하며 즐기고 싶었어요. 나는 당신에게 단순하고도 진정한 사랑을 주고 싶었어요. 당신은 기본적인 사랑조차도 안정적으로 받지 못하는 것 같았어요. 아버지의 알코올 문제로 너무 많은 두려움을 갖고 살았어요."

"이제 용서하고, 오래된 상처들을 떠나보내고, 스스로 단단히 서야 할 시간입니다. 나는 이 모든 것들의 살아 있는 본보기예요. 나는 되돌아왔어요. 지금의 시간과 상황이 당신이 이 교훈을 배우기에 가장 적절하기 때문이에요. 이것들은 당신에게 중요한 교훈입니다."

"우리는 여러 생을 거슬러, 당신은 티베트에서 공부하던 어린 소년이었어요. 나는 사원의 쥐였고 당신이 명상에 잠겨 있는 동안 들러 간지럼을 태우곤 했지요. 나는 또 당신이 고대 문서를 읽고 있을 때도 왔어요. 나는 당신과 함께해 왔습니다. 우리는 수천 년 세월을 거슬러 갑니다. 나는 당신을 돕는 주요 안내자 가운데 하나입니다. 나는 모두가 원하는 것을 원합니다. 바로 깊은 교감과 사랑이지요."

우리는 오랜 시간 광대하게 복잡한 인간관계 속에서 동물의 모습을 한 영혼의 친구들이 계속해서 도와 왔다는 것을 발견하게 될 수 있다. 그들 없이 우리가 무엇을 할 수 있을까!?

다시 사랑에 빠지다

많은 사람들이 사랑하는 동물이 죽은 이후 다시는 다른 반려동물을 가질 수 없다고 느낀다. 그들은 그런 상실감을 다시 겪을 수 없으며, 그것이 죽은 동물과의 추억에 모욕이 되고, 새로운 동물에게도 이전 동물과 불리하게 비교 당함으로써 부당한 일이 될 것이라 여긴다. 그러나 대부분의 경우, 당신의 감정을 직면하고 그 감정들을 존중하며, 동물의 질병과 죽음에 대한 죄책감을 떠나보낸 뒤에, 새로운 반려동물과 함께 사랑과 즐거움과 풍요로움을 만들어 가는 것은 어렵지 않고 심지어 건강한 일이다. 동물의 영혼도 이 과정에서 당신을 도와줄 것이다.

데보라는 내게 여러 번 전화했다. 그녀의 사랑하는 시츄, 샤를마뉴가 죽어 가고 있었기 때문이다. 그것은 큰 타격이 되었고, 그녀는 다시는 다른 강아지를 갖지 않겠다고 말했다. 그녀는 샤를마뉴의 영혼과 계속 접촉했고, 그는 사랑과 기쁨의 빛을 보내어 그녀를 돌보았다. 데보라는 그가 되돌아올 것인지 알고 싶어 했다. 그는 당분간은 아니라고 했다. 영혼의 세계에서 해야 할 일이 있었기 때문이다. 그러나 그녀가 홀로 있기를 원하지 않았다.

데보라는 다른 반려견으로 샤를마뉴를 대신하지 않겠다고 맹세했지만, 한 친구가 한 배에서 태어난 시츄 새끼들을 보러 가자고 제안해 왔다. 그리고 일단 강아지들과 함께 있게 되자 그들의 매력을 거부할 수 없었다. 그녀는 새끼들을 고르는 데 애를 먹었고, 결국 세 마리로 마무리했다. 그녀는 내게 샤를마뉴가 이 일을 어떻게 생각하는지 물었고, 아마 화가 나 있을 것으로 생각했다. 그러나 샤를마뉴는 매우 기뻐했으며, 그녀의 어깨 뒤에서 장난스럽게 반짝거렸다. 데보라는 그를 대신하는 데 세 마리의 강아지가 필요했다. 한 마리로는 그 일을 감당할 수 없을 것이라고 여겼기 때문이다.

쟈넷은 늙은 도베르만 치타의 죽음을 극심히 애도하고 있었고, 그즈음 새로운 강아지 라샤가 도착했다. 쟈넷은 라샤가 슬픔을 극복하게 도와줄 것이라 느꼈다. 그 새로운 강아지는 급기야 치타의 유골이 담긴 상자를 쳐서 선반에서 떨어뜨리기까지 했다. 그리고 쟈넷을 바라보며 말했다. "그것을 치워 버리세요. 제가 여기 있어요. 이 말도 안 되는 짓을 멈추세요."

❀

매튜는 소중한 고양이 스파이크가 죽은 뒤 편지를 썼다.

우리는 적어도 6개월간은 다른 고양이를 얻지 않을 계획이었어요.
그런데 지난 화요일 곧 집이 없어질 길고양이를 위해 전화가 왔어
요. 이전의 스파이크가 이제 라자로 이름이 바뀌어 이곳에서 3일간
편히 머물렀어요. 그리고 우리는 모두 서로 사랑에 빠졌답니다.

죽은 동물들은 바로 되돌아올 수 없다면, 자주 종에 상관없이 다른 동
물들을 보낸다. 때로 그들은 당신이 계속 삶의 경험을 확장하도록 자기
들과 꼭 닮은 친한 친구를 보내거나 혹은 종이나 품종이나 성격이 완전
히 다른 동물을 보내기도 한다.

나는 내 반려동물들을 우주에서 가장 훌륭한 존재의 일부라 여긴다.
그러나 나는 수천 마리의 훌륭한 동물들을 만나 보았다. 너무나 많은 동
물들이 사람들과 사랑을 나누기를 기대한다. 아무도 소중한 반려동물
을 대체할 수는 없다. 그들은 고유하기 때문이다. 그러나 이 땅에는 새로
운 친구가 될 만한, 수많은 놀라운 동물들이 존재한다. 종에 상관없이 선
한 존재들과 연결되는 것은 당신의 상실감을 덜어 줄 것이다. 그러면 당
신의 가슴과 시야는 더욱 확장되어 우주의 더 많은 아름다움과 전체성을
아우르게 될 것이다. 그리고 당신이 필요로 하는 바로 그 관계를 정확히
끌어당기게 될 것이다.

10장
동물의 영혼과 접촉하기

삶을 충만하게 사세요. 당신 자신을 더욱 사랑하세요. 지복을 발견하고, 다른 사람들을 도우세요. 이것이 사람들이 다음과 같이 물을 때 죽은 동물들이 주는 답변이다.

"내가 너의 삶을 기리기 위해 무엇을 해야 할까!?"

– 캣 베라드Kat Berard

동물을 잃은 극심한 정서적 곤경에 처했을 때, 편안히 마음을 열고 동물의 영혼과 연결되는 것은 힘들 것이다. 스스로 당신의 감정과 그 과정을 충분히 느끼고, (인간이든 인간이 아니든) 친구와 가족으로부터 필요한 지지를 얻을 시간을 가져라. 그러면 당신의 여정은 한층 더 부드러워질 것이다.

나는 당신이 죽은 반려동물과 연결되도록 돕고자 명상 실습을 제시하고자 한다. 준비되었다고 느끼면, 친구에게 다음의 과정을 읽어 달라고 하거나, 녹음해서 따라해 보라.

이렇게 연습함으로써, 당신은 처음에 연결될 수도 있고 그렇지 못할 수도 있다. 그것은 당신이 접촉하는 데 준비된 정도와 동물의 상황에 달려 있다. 당신과 친밀했던 대부분의 동물들은 당신이 질문하고 열려 있다면 기꺼이 연결되어 대화할 것이다. 그러나 때로 그들은 그 시점에 연결되지 못할 수도 있다. 그들은 한창 영혼의 세계에서 변형의 과정 중에 있을 수도 있기 때문이다. 그러면 당신의 직관력을 믿고, 적절하다고 느껴지는 다른 때에 시도해 보라.

방해 받지 않을 만한 장소에 편안하고 조용히 앉거나 누워라. 명상하는 동안 당신이 원하는 죽은 동물의 사진이나 유품을 지녀도 좋다. 평화로운 음악을 틀 수도 있고, 만약 밖이라면 나무를 스치는 바람이나 새의 노랫소리, 개들의 짖음 또는 다른 소리에 당신을 내어 맡겨 주변 환경과 조율되도록 하라. 주변의 소리와 침묵 역시 당신이 그 순간 대지와 연결되는 데 도움이 될 수 있다.

땅 위에 두 발과 앉아 있거나 누워 있는 몸 전체를 통해 어머니 대지와 연결되어 있음을 느껴 보라. 대지가 사랑의 지지로 당신을 지탱해 주는 것을 느껴 보라.

이제 깊고 조용히 호흡하라, 그리고 숨을 내쉬면서 당신의 몸에서 느껴지는 어떤 긴장이든 떠나보내라. 계속해서 천천히 그리고 깊게 호흡하며 당신의 몸을 자각해 보라. 당신의 머리에서 어떤 긴장이 느껴진다면 숨을 내쉬며 천천히 떠나보내라. 당신의 목과 어깨 그리고 팔과 손을 인지해 보라. 그리고 천천히 숨을 내쉬며, 경직된 곳이 있다면 흘려보내라.

당신의 등과 가슴, 배, 허리, 엉덩이를 느끼고, 어떤 불편한 감각이 있든지 흘려보내라. 당신의 알아차림을 다리와 발 그리고 발가락으로 이동하며 완전히 떠나보내라. 평화롭게 호흡하며, 완전히 이완되어 부드럽게 어머니 대지와 연결되어 있음을 느껴 보라.

명상 중, 어느 때라도 걱정이나 불안이 올라온다면 호흡을 알아차리는 시점으로 되돌아가라. 그리고 숨을 내쉬며, 문제가 되는 그 감정을 내려놓으라.

이제, 당신의 죽은 동물을 생전에 알던 모습대로 떠올려 보라. 어렸을 때나 노령기 때나 괜찮다. 그가 즐겁고 밝으며 기꺼이 당신과 대화하고 싶어 한다고 그려 보라. 당신 스스로 그의 현존에 마음을 열라.

당신의 심장이 열리며 동물의 영혼과 접촉하는 것을 느껴 보라. 이제 영혼이 된 동물이 당신의 열린 가슴으로 들어와 당신과 접촉하게 하라. 그녀의 에너지를 느껴 보라. 그녀의 존재를 느껴 보라. 당신 스스로 그녀가 얼마나 가깝거나 멀게 느껴지는지 인식해 보라. 당신들을 에워싸고 연결하는 교감의 원을 감지해 보라. 어떤 감정이 올라오든 느끼고, 표현하고, 해방하라!

이제 충분히 이완되어 가슴과 정신이 열리고 수용할 준비가 되었을 때, 동물이 당신에게 어떤 메시지를 주고자 하는지 감지해 보라. 메시지들이 어떤 형태로 오든지 그것들을 받아들여라. 생각이나 느낌, 따스함이나 에너지의 감각, 언어 혹은 그저 동물이 당신에게 전하고자 하는 것을 알게 되는 감각일 것이다. 그의 존재와 소통을 인정하라. 그의 가까움을 느껴 보라. 당신 스스로 동물과의 대화에 참여하는 데 마음을 열라.

동물에게 듣고 싶은 어떤 질문이든지 하라. ─그(그녀)가 어떻게 지내는지, 그(그녀)의 죽음에 대한 어떤 의문이든지, 그리고 영계의 체험에 대한 어떤 생각이든지 괜찮다. 미래의 계획이나 혹은 그녀가 환생할 것인지 아니면 다른 모습으로 돌아올 것인지 질문해 보라. 질문에 대한 답을 받을 수 있으며, 지금 받고 있다고 상상하라.

당신의 확장된 모든 감각을 통해 주의 깊게 경청하며, 열리고 이완되어라. 깊게 호흡하라. 대답을 수신하는 데 대한 불안이 있거든 흘려보내라. 시간을 가지고, 어떤 감정이나 연결이나 대화가 오든지 받아들여라. 접촉을 느끼지 못한다 해도, 억지로 경험하려고 스스로 압박하지 말라. 당신은 사랑하는 동물과 접촉하여 대화를 받아들이기 위해, 좀 더 애도하며 감정을 표현해야 할 필요가 있을지 모른다. 또는 당신의 동물이 여전히 영혼의 세계에 적응하고 있어 아직 대화할 준비가 되어 있지 않을 수도 있다. 호흡하며 그저 현재에 거하라. 따뜻한 생각을 하고, 동물의 영혼에 좋은 에너지를 보내며, 교감을 즐겨라.

적절하다고 생각되는 때에 연습을 끝내라. 이 명상 동안 당신이 체험한 따스함과 연결감이 남아 있도록 하자. 기억하라. 당신은 소망하는 언제든지 그것으로 들어갈 수 있으며, 떠나간 동물과 계속해서 대화할 수 있다.

11장
정체성, 개성 그리고 통일성

하나의 빛. 수많은 램프들을 통과한 거대한 '하나'의 빛.

– 놀라운 관현악단

영혼의 본질에 수수께끼가 있다. 영혼의 유연성과 양! 어떻게 우리는 서로 통합되고, 개인이 되며, 형태를 갖추고, 차원에서 차원, 장소에서 장소로 이동할까? 어떻게 우리는 변화하면서도 정체성이나 개성을 유지할까? 어떻게 우리는 모두와 하나인 단일성으로 되돌아올까? 또 어떻게 우리는 다시 개인으로 태어나 모든 다른 생명체들과 연결될 수 있는가?

유전자별로 설계되고 종에 따라 다양한 형태를 지닌 육체는, 환생할 때 어떻게 영혼에 영향을 미치며, 반대로 영혼은 육체에 어떠한 영향을 주는가? 우리는 전생으로부터 얼마나 많은 것을 기억해 내며, 그것은 새로운 삶에 어떻게 적용될까? 새로운 몸에 익숙해지는 데 얼마나 많은 재학습이 이루어져야 하는가?

각자의 삶에 다른 답변들이 있다. 많은 것들이 개인의 인식과 더불어, 의식하든 못하든 삶에서 내리는 결정에 달려 있다. 나는 이러한 수수께끼를 곰곰이 생각하며 동물들의 환생을 목격할 때마다 더욱 깊이 이해하게 된다.

우리가 누구인지 그 본질과 핵심은 변하지 않은 채 이동하는 것 같다. 그러나 영혼의 일부와 특징들은 개별 개체의 진화와 삶의 목적 그리고 경험에 대한 욕구에 따라 조금씩 더해지거나 덜어지며 변화하는 것 같다. 영혼은 하나 이상의 육체에서 살거나, 한 가지 이상의 정체성을 동시에 가지기도 하며, 우리의 평범한 시공간의 물리적 차원을 대체하는 평행 현실에서 사는 것도 가능하다.

영혼은 총체적인 유연성, 무한한 마법, 완전한 연금술을 동반한다. 우리는 원대한 우주의 설계를 목격하며, 그것의 일부이자 공동 창조자이

다. 우리는 위대한 생명의 태피스트리* 속으로 각자 고유하게 엮여 들어
간다.

애니멀 커뮤니케이터 재클린 스미스는 죽은 동물에게서 새로 입양한
동물에게 가해지는 영혼의 영향력에 대해 전한다. 데니는 6개월 전에 입
양한 도베르만 강아지 애스터에 대해 알아보기 위해 재클린에게 전화했
다. 먼저, 데니는 그가 사랑했던 도베르만 스타버스트가 10개월 전에 죽
었다고 설명했다. 애스터는 일련의 동시적인 사건들을 통해 그의 삶에
오게 되었다.

애스터에게는 몇 가지 독특한 습관이 있었는데, 그것은 스타버스트가
평생 드러내던 것들이었다. 데니는 그 습관들은 품종으로는 설명이 안
된다고 느꼈다. 재클린이 애스터와 대화할 때, 스타버스트의 영혼의 일부
가 애스터와 함께 환생했음이 분명해졌다. 일종의 '영혼의 혼합'이 진행
되고 있는 것 같았다. 애스터의 성격과 영혼이 존재했지만, 스타버스트
또한 덜 우세한 영혼으로 존재했다.

재클린은 데니가 애스터를 스타버스트가 아닌 애스터로서 대하는 한
편, 스타버스트에게서 온 습관을 인정하고 수용하고 즐기도록 격려했다.

우리는 한편 이것을 이전의 개집이나 데니를 둘러싼 에너지장에서, 스
타버스트의 특징들이 애스터에게 각인된 예로써 고려해 볼 수 있다. 영
혼들이 한동안 이런 식으로 반려인과 접촉하고 대화하는 것은 흔히 있는
일이다. 재클린이 추천한 처방은 관련된 모두를 위해 이러한 상황에서
'조화'를 이루는 것이었다.

내 책『애니멀 힐링(Animal Healing)』에서, 나는 이번 생에서 가장 홀

* tapestry : 다양한 색실로 그림을 짜 넣는 직물. 즉 '다양한 이야기'.

류한 친구였던 아프간하운드 파샤의 죽음을 상세히 다루었다. 그의 삶과 죽음은 나뿐만 아니라 그와 접촉했던 모든 이들에게 큰 사건이었다. 그래서 그가 죽은 지 오래지 않아 되돌아오기로 결정했을 때 나는 무척 기뻤다.

붓다 보이 역시 아프간하운드였고, 1993년 2월 14일에 태어났다. 이전에 파샤였을 때 출생한 달인 8월과 점성학적으로 정반대였다. 그는 태어난 지 4개월이 되어, 출생지인 아이다호에서 샌프란시스코 북쪽 캘리포니아 연안에 있는 우리 집으로 왔다. 그의 성격은 파샤처럼 따뜻하고 사랑스러웠으나, 파샤처럼 야성적이고 자유분방하며, 짓궂지는 않았다. 파샤는 그러한 본성으로 인해 독립적인 모험을 하러 뛰쳐나가곤 했다. 나는 파샤가 환생하기 전에, 그가 집과 나에게 딱 붙어서 밖으로 배회하지 않는다는 데 합의했다. 그의 위험한 방랑으로 다시 불안이 촉발되기를 원치 않았기 때문이다. 붓다 보이였을 때 그는 약속을 지켰고, 아프간하운드로서의 독립성을 억제하며 주로 내 가까이에 머물렀고, 내가 부를 때마다 왔다.

붓다 보이와 나는 서로 분리될 수 없었고, 완벽히 사랑했다. 그러나 시간이 지나면서 나는 우리 관계의 변화를 감지했다. 처음에, 파샤의 본질은 완전히 붓다 보이 안에 존재했다. 그러나 파샤의 영혼은 점차 떠나가기 시작했다. 그토록 많이 파샤의 영혼의 정수를 반영했던 열정과 지혜는 서서히 사라졌다. 파샤는 붓다 보이의 몸으로 환생했다. 내가 너무나 많이 그를 필요로 했기 때문이다. 그러나 그는 이제 영계에서 그의 영적 여정을 계속해야 했다.

나는 파샤가 떠나가는 것을 관찰해 보았다. 나는 파샤의 영혼이 얼마만큼 붓다 보이의 영혼이나 성격과 혼합되어 있는지 추정해 보았다. 2년

째, 파샤는 약 85% 붓다 보이와 결합되어 있었다. 붓다 보이가 6살에 접어들자 파샤의 존재는 약 20%였다. 9살이 되었을 때, 파샤의 영혼은 붓다 보이에게서 사라졌다. 그는 더 이상 붓다 보이와 본성을 공유하며 그의 영혼에 남아 있지 않았다. 파샤의 집은 이제 완전히 천상의 우주에 있었다.

그 이후 붓다 보이와 나의 관계는 변했다. 붓다 보이는 성숙하고 현명하고 자신감 있는 파샤의 현존이 아니었다. 파샤가 내 눈을 깊이 들여다보던 영혼의 동반자였다면, 붓다 보이는 꼬리를 말고 필사적으로 사랑받기를 갈구하는 어린 소년 같았다. 그는 몇 초 이상 나의 응시에 시선을 맞추지 못했다. 나는 붓다 보이를 사랑했지만, 파샤만큼 깊이 사랑하지는 않았다.

우리는 서로 새로운 관계를 모색해야 했다. 2005년 가을, 붓다 보이의 생명이 끝나 갈 무렵, 우리는 삶이 우리 모두에게 가져온 변화에 비로소 평안을 얻을 수 있었다. 그리고 서로에게 더 깊고 다정한 사랑을 느낄 수 있었다.

잃어버린 영혼의 회수

동물이 죽은 뒤에, 그들을 가슴에 완전히 받아들이는 것은 잃어버린 우리 영혼의 정수를 되찾는 것과 같다.

레아는 또 다른 나의 아프간하운드였다. 나는 그녀를 '내 빛의 광선'이라 불렀다. 그녀는 천상의 별 무리의 기운을 지닌, 빛나고 부드러우며 섬세하고 우아한 존재였다. 나는 다른 반려동물들처럼, 전생에 그녀를 이

지상의 모습으로 알았던 것 같지 않았다. 그리고 그녀가 많은 다른 존재들처럼 지구에서 생을 산 것이 아니라, 다른 차원에서 왔다는 것을 알게 되었다. 그녀는 특별히 개의 모습으로 나타나 나와 함께하며, 우아하게 다른 영혼들과 접촉했다.

레아는 가장 높은 영적 에너지로 존엄하게 지구를 떠났다. 그녀는 밤 동안 정원으로 난 작은 오솔길 위에서 잠들었다. 밝은 만월이 가득히 비추는 가운데, 태곳적 할머니들의 영혼이 그녀를 남쪽 하늘로 인도했다.

별들 가운데 그녀의 존재를 강하게 느끼고 나서 약 일주일 뒤, 레아의 영혼은 나의 열린 가슴의 가장 후미진 곳으로 들어왔다. 마치 내 일부가 별들로부터 집으로 되돌아온 것 같았다. 그것은 예전에 지상으로 오지 못한, 잃어버린 내 일부를 되찾는 영혼의 회수와도 같았다. 레아는 완전한 고향이었으며, 영원히 나와 함께 녹아든 생명력의 빛이었다.

다른 죽은 동물들도 사랑으로 내 기억과 심장에 살아 있다. 그들은 영계를 통과해 생에서 생으로 이동하며, 개별적 정체성과 고유한 임무와 목적을 지닌 별개의 영혼들로 나와 소통한다. 그러나 레아는 달랐다. 나는 그녀를 볼 때마다 나 자신을 비추는 거울 같다고 느꼈다. 그녀는 죽은 이후, 흐르는 백금처럼 내 존재 안으로 녹아들었다. 나는 레아라는 내 영혼의 일부를 영원히 간직할 것이다. 그녀는 육체를 입고 와 내게 특별한 은총을 주었고, 자신의 온전한 존재를 내게 되돌려주었다.

애니멀 커뮤니케이터 바바라 쟈넬의 고객은 고양이 퍼지와의 영혼의 재회에 대해 말한다.

> 퍼지는 내가 구조할 당시 야생 고양이였고, 세 마리의 개에게 쫓겨
> 개울 속에 있었다. 나는 그를 데려왔고 집에서 활짝 피어나는 것을
> 보고 기뻤다. 몇 년 뒤, 내가 마을을 떠나 있는 동안 그는 이웃집 차
> 의 차선에서 치여 죽었다. 집에 온 첫날, 나는 그를 몹시 그리워하며
> 거실에 앉아 있었다. 내가 명상으로 들어갔을 때, 퍼지는 분명히 내
> 앞에 있었다. 나는 그가 자신의 몸을 휘감으며 내 존재의 '여성적 측
> 면'으로 녹아드는 것을 지켜보았다. 그리고 나는 진실로 그가 나의
> 일부라는 것을 이해하게 되었다. 우리는 같은 영혼이었다.

통합으로

동물들과 텔레파시로 대화하는 방법을 재발견해 가는 여정은 동물의 영
혼이 삶에서 죽음으로, 그리고 다시 삶으로 되돌아올 때 경험하는 것과
유사하다. 두 경험은 어떻게 우리가 분리된 정체성에서 동물과의 합일로
나아가는지 보여 준다.

1999년 10월, 독일에서 동물과의 대화에 관한 기초 강좌를 진행하는
동안, 텔레파시 대화에 눈떠 가는 전체 과정 그리고 사람들이 분리에서
통합으로 이행하는 성장의 단계가 분명한 순서로 드러났다.

동물들과 대화하는 방법을 배울 때, 사람들은 보통 자신들을 다른 종
들과 분리된 것으로 느낀다. 그들은 대상화된 방식으로, 동물을 그들과
별개의 것으로 본다. 그들은 동물과 대화할 수 없으며, 있다 해도 제한된

방식으로만 가능하다고 여긴다. 직접적인 쌍방 대화는 이질적이다. 그들은 곧바로 동물의 감정과 생각을 수신하는 대신 먼저 '지성'을 사용한다. 이 단계에서 동물들과 텔레파시로 대화하는 방법을 배울 수 있을 것이라고 희망하지만, 그 가능성에 대해 아직 확신하지는 못한다.

사람들이 텔레파시 수신에 눈뜨기 시작할 때 그들은 내면의 방해물, 억제 체제, 제한, 조건화 그리고 고통과 억눌린 정서를 느낀다. 이러한 분리의 단계에서 그들은 종종 자신들의 필터와 의제와 무의식적인 동기를 타자에게 투영한다. 그들은 스스로 방어기제와 정체성에 갇혀 다른 존재나 대상, 심지어 자기 자신조차 진정으로 느끼고 이해하는 데 어려움을 겪는다.

그러나 인내심을 가지고 꾸준히 대화하며 내면의 장벽을 넘어서 연습한다면, 동물로부터 조금이나마 진정한 텔레파시 대화를 수신하기 시작할 것이다. 텔레파시 대화가 어떻게 작동하고 느껴지는지 경험하지 못했기 때문에, 사람들은 대개 그들이 받는 메시지가 동물의 생각과 느낌인지 아니면 자신의 투사인지 확신하지 못한다. 일련의 과정들을 신뢰하고 그들이 받은 메시지들을 인정할 때, 투사의 속임수와는 전혀 다른 진정한 텔레파시 수신의 감각을 느끼기 시작할 것이다. 그들은 동물의 생각과 감정 그리고 자기들의 생각과 감정 사이에 차이를 느끼기 시작할 것이다. 동물들은 대개 그 사람이 진실로 자신들을 이해했다는 데 긍정적으로 반응함으로써 진정한 대화였음을 입증해 준다. 그러나 사람들은 텔레파시 대화가 진짜로 그들에게 일어나고 있다고 믿기 시작하면서도, 여전히 잘 해낼 수 있을지 의심한다.

텔레파시 수신은 가슴(감정)과 정신(사고) 모두를 통한 연결이다. 우리 문화의 교육체계는 직관보다는 지성을, 감정보다 사고를, 그리고 가슴보다 머리를 강조한다. 그래서 초보자들은 종종 텔레파시의 지적 부분에 먼저 눈을 뜬다. 그들은 텔레파시 대화를 관념적인 메시지나 언어의 형태로 더 쉽게 수신할 것이다. 또 메시지를 해석하거나 번역할 때, 자신들의 생각을 동물과의 대화에 덧붙이는 경향이 있다.

사람들이 계속해서 가슴과 몸 전체를 통해 열리고, 유연해지고, 느끼고, 받아들인다면, 좀 더 완전한 범위의 텔레파시 대화를 받을 수 있다. 거기에는 동물의 감정과 정서뿐 아니라 신체 감각까지 포함된다. 이 단계에서도 사람들은 여전히 그들 자신의 정서적 문제로 인해 동물과의 대화를 왜곡할 수 있다. 그러나 계속해서 대화 과정을 연습한다면, 동물로부터 나오는 순수하고도 단순한 그 자체의 메시지를 인식하고 받아들이는 방법을 배울 수 있다.

학습자들이 마음을 가라앉히고, 명확한 텔레파시 수신을 방해하는 개인적 장애물과 의제들을 직면하게 되면, 더 완전하고 진실한 대화를 수신할 수 있다. 그들의 방어기제는 동물들이 변함없이 전달하는 공감과 수용과 확신으로 인해 사라진다. 동물과의 대화에 좀 더 열리어 감에 따라 사람들은 스스로 치유해 간다. 그들 내면의 수신 채널은 더 확장되고 분명해진다.

수업의 안내와 개인적 훈련을 통해 더 발전함에 따라, 다른 종이나 심지어 같은 종의 다른 구성원들과의 소통을 통해서도 반복적으로 배울 수 있다. 서로가 아무리 달라도 모든 존재 방식은 옳다는 것을 말이다. 자신들의 어두운 면을 더욱 수용함에 따라서, 사람들은 이전에는 받아들이거나 자신의 것으로 수용하지 못했던 측면이나 특징을 포함해서, 타자를 자신의 여러 측면 가운데 하나로 느끼고 인정하는 더 큰 열림과 능력으로 나아간다.

동물들이 인간에게 가지는 깊은 연민은 우리 자신을 있는 그대로 받아들이게 한다. 타자와 자기에 대한 사랑의 공감이 자라난다. 대화의 채널은 더욱 열리고, 수신은 더 쉽고 분명해진다. 동물들이 느끼고, 감각하고, 생각하는 것을 더 쉽게 느낄 수 있게 된다. 인공적인 분리감은 점차 해소되고 거리는 좁혀진다. 교감을 통해 동물과의 합일과 모든 생명에 대한 깊이 있는 이해에 도달한다.

　이 단계에서 사람들은 텔레파시 대화가 진짜이며, 그것의 완전한 본질을 더 이해하게 되었다는 것을 분명히 알게 된다. 그러고 나면 믿을 수 없이 놀라운 상태가 체험되기 시작한다. 대화와 연결은 모든 사고와 감정이 존재하는 '하나의 열린 장'으로 확장된다. 이제 누가 질문을 하고 대답하는지는 중요하지 않다. 한 존재 안에서 모든 존재를 포함하는 하나의 위대한 지혜가 들리고, 하나의 위대한 사랑이 느껴진다.

　한 사람이 모두를 아우르는 열림으로 이완되고 그것을 지탱해 낼 때, 그 사람 주변에 다른 이들도 반응하며, 자신이 진정으로 누구인지에 더욱 눈떠 간다. 영적인 성장의 여정에서, 타자는 한 사람의 한계나 치료와 성장이 절실한 곳들을 비추며, 그것을 사고와 정서와 행동에 투영해 낸다. 그러므로 우리는 자기도 모르게 내면에 심리적 작업이 필요한 곳을 드러내어 비춰 주는 다른 인간과 생명체들을 끌어당긴다.

　깊은 텔레파시 대화의 과정은 우리를 뒤흔들고 혼란스럽게 하며, 우리가 어느 지점에 고착되어 있는지 보여 준다. 우리 스스로 가장 깊은 사랑과 평화와 통합의 열린 통로가 되는 데에는 꾸준한 작업이 필요하다.

　호흡하고 부드러우며 이완되어라. 대지 위에 당신의 두 발을 느끼고 연결되어라. 자기(self)와 타자들과의 연결을 느끼기 위해 스스로 도움이 되는 방법을 사용하라. 언젠가는 노력 없이도 지속적인 합일의 상태로 녹아들 것이다. 그러면 모든 수신과 인식과 대화는 더 진실해지고, 당신은 사랑과 지혜의 원천인, 당신 영혼의 중심에 더 굳게 서게 될 것이다.

우리가 스스로와 다른 생명체들에게서 인지한 것을 판단하고 비판하고 맞서 싸우지 않고 받아들일 때, 우리는 고통에서 평화로운 화합의 장으로 나아간다. 이 모든 것이 모든 생명체와의 텔레파시 여정인, '연결'의 여정에서 가능하다. 다른 종의 형제자매가 우리에게 개방한 이 놀랍고도 즐거우며 흥미로운 모험으로 가득 찬 깨어남의 여정을 축하하자!

동물의 죽음 : 영혼의 여정

나는 여러분과 시적 영감을 나누고 싶다. 이것은 수년 전 떠올라, 동물의 죽음을 영혼의 여정으로 심상화하게 했다.

모든 것은 너무나 아름답고, 땅에서도 그러하다, 만약 우리가 이곳에서 풍요로운 조화와 환희를 볼 수만 있다면. 우리는 그렇게 할 수도, 아닐 수도 있다.

수목, 들판, 대양, 호수, 강, 시냇물은 성장하고 흐르면서 기쁨으로 절규한다. 마법을 보라. 우아함을 느껴 보라. 죽음과 질병 속에서도, 삶을 새롭게 하고 우아함을 복원하는 조화로움을 보라.

변하지 않는 형태에 집착하지 마라. 녹아들고 분해되는 형태의 춤에서 영광을 보라. "안 돼, 이럴 수는 없어!"라고 절규하고 울부짖으며 변해 가는 입자들과 대립하지 말라.

모습을 바꾸며 영원히 변화하는 영혼과 함께 흘러가라. 들꽃이 피고

지며 대지에 씨앗을 남기는 것을 보라. 어떤 것도 정말로 죽거나 퇴색되지 않는다. 모든 것은 하나로 녹아들고, 또 다른 바다나 소나기로 흘러가며, 공기로 부풀어 오른다.

조수에 눈물을 흘려보내라. 변화를 느껴 보라. 영혼이 눈먼 마법사처럼 웃으며, 죽음과 부패와 파괴를 새로운 탄생과 성장과 조화로운 창조로 변형시키는 것을 지켜보라.

무지개와 녹는 눈의 공조 속에 당신 자신의 패턴을 엮고, 감각과 맥박과 호흡과 살아 있는 지구를 양육하라.

창조주이자, 직공이자, 마술사이자, 웅변가가 되어라. 당신은 항상 그러했고, 지금도 그러하며, 영원히 그러할 것이다. 그리고 당신 역시 영원한 예술의 빛 속으로 녹아들 것이다.

옮긴이의 글

❧

일상을 잠시 멈추고 마음 공부를 하는 동안 코로나가 시작되었다. 그 멈춘 일상 속에서 오히려 천천히 내면으로 집중하는 삶을 살고 있다. 동물을 우리 영혼의 일부로 보는 융의 심층심리학을 접하고, 아픈 길고양이와 인연이 되어 7년간 길고양이들을 돌보며 그들의 삶과 죽음을 경험하지 않았더라면, 이 책을 번역할 수 없었을 것이다.

우리는 내면의 가장 깊은 본질과 접속함으로써 우주와 연결된다!

페넬로페 스미스는 50년 이상 애니멀 커뮤니케이터로 일하며 수많은 제자들을 배출해 내고 동물과의 교감을 대중화하는 데 힘써 온, 이 분야의 선구자이다. 사회과학 분야에서 학사와 석사를 전공하고, 사람을 상담하는 심리상담사에게 동물을 상담하는 상담사로 확장하여 언어뿐 아니라 비언어적인 직관과 교감을 통해 인간과 비인간의 경계를 좁혀 왔다.

그 과정에서 춤추고 노래하고 공연하고 가르치고 또 작곡하고 글을 씀으로써 몸 전체를 통해 대자연과 교감하고 연결되는 삶을 실천하며, 우리가 잃어버린 언어 이전의 세계를 감각하도록 일깨운다. 그녀는 몸을 통해 우주와 연결되는 일종의 '샤먼'이다. 그리고 우리 모두 누군가를 대리하지 말고 스스로 몸을 통해 어머니 지구와 연결되는 콘센트, 즉 21세기의 샤먼이 되라고 촉구하는 듯하다.

우리나라에 많은 애니멀 커뮤니케이터 관련 책들이 소개되었지만, 특히 페넬로페 스미스에게 주목했던 이유는, 수많은 동물 매개자들 가운데 그녀가 '진짜'라고 느꼈던 점 외에도, 그녀가 전작에서 동물 교감이 지니는 영적 · 심리적 · 지적 사유의 맥락을 어느 정도 밝히고 있다는 점이다.

오랫동안 동물은 영혼과 이성이 없는 존재로 여겨졌고, 그것은 인간과 동물을 구별(차별)하는 핵심 근거였다. 기독교의 영적 세계관 하에서 신의 형상을 닮은 인간만이 영혼을 가진 최상의 존재였으며, 이후 서구 인본주의 세계관 하에서 이성을 지닌 남성 시민만을 최고의 주체로 보았기 때문이다. 기독교 유일 신앙과 근대 이성 중심의 인본주의 세계관 아래서 동물은 영혼과 이성이 없는 가장 열등한 존재로 타자화되었다.

인간으로 성장하는 것은 일종의 문명화의 과정이다. 그것은 태초의 자궁이었던 어머니의 몸(Mother Earth)에서 분리되어 언어를 배우며 사회적인 인간이 되는 것이다. 그 과정에서 우리는 어머니 대지(어머니의 몸이라 할 자연)와 연결되었던 몸의 언어를 잃어버리고 이성을 지닌 인간이 된다. 그러므로 인간이 되는 것은 '성장'임과 동시에 우리를 둘러싼 대자연과 분리되며 스스로에게서 멀어지는 '소외'의 과정이기도 하다.

동물과의 대화는 특별한 사람들만이 경험하고 소비하는 별난 이야기가 아니다. 그것은 우리가 언어를 배우기 전 몸의 기억으로 거슬러 회복해 가는 새로운 성장의 이야기이다.

더 이상 외부에 신과 악마, 선과 악, 우월한 것과 열등한 것을 투사하지 않고, 내 안의 것으로 거두어들일 때 타자는 비로소 그 자체의 고유함과 개성을 지닌 존재가 되며 동시에 모두가 연결되어 있다는 편견 없는 수용이 가능할 것이다. 애니멀 커뮤니케이션은 단순히 동물과 대화하는 방법에 관한 것이 아니라, 다르게 존재하고 소통하는 존재 방식의 변화에 관한 것이다.

심리학적으로, 동물은 앞선 책에서 저자가 언급했듯이 라틴어 '아니마 (anima)'에서 유래되었으며 아니마는 '혼(魂)'을 뜻한다. 그것은 인간의 무의식을 탐구하는 융 심층심리학에서도 중요한 의미를 지닌다. 동물은 본성과 직관을 상징하며, 의식으로 수용되지 못한 무의식적이며 어두운 측면을 나타내기 때문이다. 아픈 동물은 우리의 아픈 본성이다. 병들고 죽은 동물은 각 동물이 상징하는 고유한 특성과 관련하여 우리 안에 병들고 단절된 영혼의 일부를 상징한다. 그것은 우리가 온전하고 균형적인 삶을 살아 내지 못하고 있다는 증거다.

그렇게 본다면 동물과의 영혼 교감은 실제 동물과의 대화일 뿐 아니라, 우리 내면에 '죽은 동물'로 상징되는, 우리가 살아 내지 못한 측면을 받아들여 소생시키는 것이다. 이러한 관점으로 페넬로페의 글을 읽으면 동물과의 교감은 심리학적·영적 지평을 넓히는 새로운 메시지로 다가올 것이다.

전생과 환생을 어떻게 읽을 것인가!

이 책은 본격적으로 죽어 가거나 죽은 동물들을 둘러싼 현실적인 이야기뿐 아니라, 영혼의 이야기를 다루고 있다. 따라서 죽음 이후 환생과 전생의 소재까지 아우른다. 특히 9장 「동물의 귀환」은 인간과 비인간이라는 종의 경계를 넘어 서로 연결된 전생과 현생의 생들을 다루고 있어, 읽는 이에 따라 다소 불편하고 받아들이기 어려울 수 있다.

그러나 '전생과 환생'이라는 소재는 더 이상 낯설지 않으며, 우리의 삶 속에 깊이 스며들어 있다. 많은 영화나 드라마에서 차원을 넘나드는 이야기를 그려 내고 있으며, 외국의 영화나 미드에서도 이 주제는 점차 과학과 영혼을 연결하여 무의식을 탐색하는 것과 관련되어 정교하게 다루어진다(영화 『플랫 라이너』, 『아이 오리진스』, 미드 『The OA』 등).

융 분석심리학에서 전생은 인류의 경험이 녹아든 집단적 무의식으로 본다. 그것은—그 위험성에도 불구하고—인간 개인이 의식할 수 있는 범위를 넘어 보다 광활한 무의식과 전체성으로 연결되는 기회가 될 수 있다.

그렇게 본다면 9장 「동물의 귀환」에서 한 여성이 죽은 고양이가 되돌아오리라는 약속을 믿고 동물의 환생을 추적하는 과정은 결국 내 안에서 죽어버린 영혼의 일부를 되찾아 온전해지려는 시도로 볼 수 있다. 글에서는 온갖 의심과 회의와 시행착오를 겪고 드디어 내면에서 믿게 되는 순간을 '믿음의 도약(The leap of faith)'이라고 표현한다. 이 용어는 실제 신앙적 표현인데, 보이지 않는 실체를 인정하고 수용하게 됨으로써 한 단계 영적으로 도약하고 성숙하게 되는 순간을 의미한다. 그것은 단지 죽고 환생한 동물을 찾는 것을 넘어, 우리 안에서 문지방을 넘어서는 영혼의 성장으로 이해될 수 있다.

결국 죽은 동물과의 영혼 교감은, 죽음의 강을 건너는 동물의 존재 변형에 관한 이야기이자 동시에 우리 인간의 존재 변형에 관한 것이다. 그것은 '분리'를 통해 성장하는 로고스(logos)가 아니라, 사랑으로 타자와

'결합'하는 어머니의 에로스(eros)의 영성이며, 다음 세대의 영성이 될지도 모른다. 중요한 것은, 우리는 모두 개성을 지닌 고유한 존재인 동시에 '지구'라는 둥근 어머니의 자궁 안에서 연결된 하나(Oneness)임을 깨닫는 것이다.

> 코로나 여신의 시대가 우리에게 주는 메시지가 있다. 더이상 앞으로만 나아가지 말고 멈추어 서서 생각하라는 것이다. 우리가 누구인지, 어떻게 살아왔는지, 살아온 방향에 대해 반성하며 삶의 방식을 바꾸라 한다. 코로나 여신의 시대는 우리로 하여금 더 이상 넓게가 아니라 깊게 살아가라고 한다.
> ─현경, 신학자이자 여성 운동가, 2020 살림이스트 페스티벌 中

> 이제 신은 더 이상 밝은 빛이 아니라 우리가 무시하고 들여다보지 않았던 가장 어둡고 추한 형태로 다가와 우리의 삶을 재조정할 것이다. 아마도 신의 다른 이름은 코로나일지도 모른다.
> ─이유경, 융학파 정신분석가, 종교심리학 강의 中

> 우리는 저마다 다른 형태와 그에 맞는 개성과 정체성을 지녔지만 동시에 어머니 지구라는 모성적 자궁 안에서 함께 연결되어 살아가는 형제자매들이다.
> ─페넬로페 스미스